棉花图鉴

中国储备棉管理有限公司
中储棉花信息中心有限公司 主编

中国农业科学技术出版社

图书在版编目（CIP）数据

棉花图鉴 / 中国储备棉管理有限公司，中储棉花信息中心有限
公司主编.—北京：中国农业科学技术出版社，2020.8
　ISBN 978-7-5116-4444-2

　Ⅰ.①棉… Ⅱ.①中… ②中… Ⅲ.①棉花—普及读物 Ⅳ.①S562-49

　中国版本图书馆CIP数据核字（2019）第212381号

责任编辑　于建慧
责任校对　李向荣

出 版 者　中国农业科学技术出版社
　　　　　北京市中关村南大街12号　　　邮编：100081
电　　话　（010）82109708〔编辑室〕　（010）82109702〔发行部〕
　　　　　（010）82109709〔读者服务部〕
传　　真　（010）82106650
网　　址　http://www.CASTP.cn
经 销 者　全国各地新华书店
印 刷 者　北京富泰印刷有限责任公司
开　　本　787mm×1 092mm　1/16
印　　张　11
字　　数　190千字
版　　次　2020年8月第1版　　2020年8月第1次印刷
定　　价　168.00元

《棉花图鉴》

编委会

主　任	卜春海			
副主任	徐晓涛	何晓杰	黄　旭	
	胡建军	汪喜波	刘克曼	
委　员	常　明	王勇伟	李　敏	
	孙　艳	陈　鹏	张建德	
	王永胜	孙庆仁	郭晓雪	
	冯梦晓			

编辑部

主　编	孙庆仁		
副主编	张　彤		
执行主编	蒙丹阳	贾小凡	
编　辑	（按姓氏拼音排序）		
	李　伟	裴　婷	王彦章
	杨　舫	尹　波	翟伯洋

前言
PREFACE

　　棉花是全球重要的大宗农产品，是全球最大的天然纤维作物和纺织工业的主要原料，是主要大田经济作物，是棉花集中产区农民的主要经济收益来源，"要发家种棉花"在全球具有广泛性的认同。"衣食住行衣为首"，像粮食一样，棉花生产、消费和贸易事关国计民生。

　　棉花种植在中国有着悠久的历史。古有"五月棉花秀，八月棉花干；花开天下暖，花落天下寒。"来感知季节变化。如今在国人的生活中，棉花不仅是一种纺织原料，更是生活中追求精致舒适的一部分。

　　棉花虽不是花，棉花植物开的花呈乳白色或粉红色，我们平常说的棉花是开花后长出来的果实成熟时裂开吐出的果实内部纤维。至今棉花的成熟果实也成为花材的一种，具有悦目的观赏性。

　　本书图文并茂地展示了棉花的一生，从棉花的传入到应用、从棉花的播种到收获、从棉花的加工到纺织……让我们追溯历史，纵观棉花的发展历程；放眼现代，浏览丰富的棉花文化。

　　本书在编写过程中，得到了中国农业科学院棉花研究所、中国纤维检验局、安徽财经大学等棉花行业专家和高校教授及相关涉棉企业的大力支持与帮助，在此一并表示诚挚的感谢。

　　愿这本小小的棉花图鉴伴随您一起走入棉花世界。

编　者

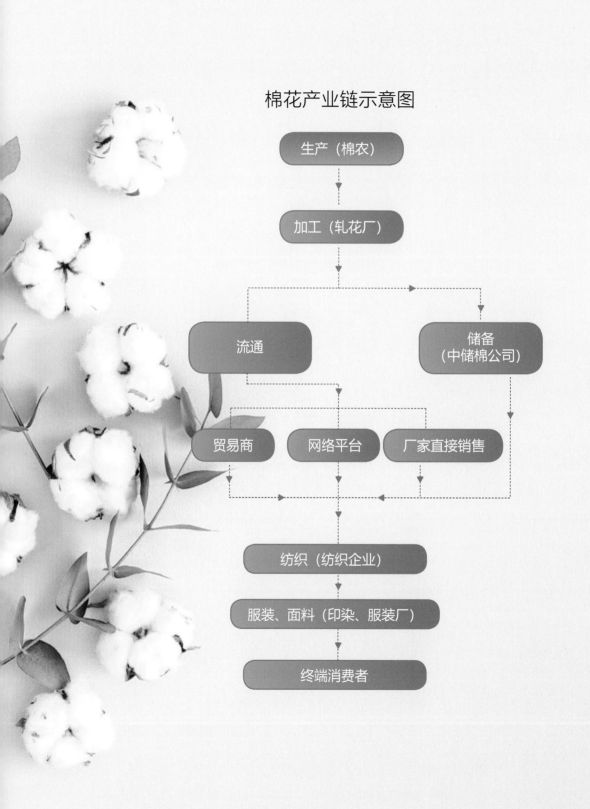

棉花产业链示意图

生产（棉农）

加工（轧花厂）

流通

储备
（中储棉公司）

贸易商   网络平台   厂家直接销售

纺织（纺织企业）

服装、面料（印染、服装厂）

终端消费者

目录
CONTENT

目 录
CONTENT

棉纺织业

棉花产业未来

棉花历史
The History of Cotton

棉花的起源
The Origin of Cotton

亚洲西南部是棉花起源地之一。

在大约 7 000 年前，巴基斯坦人就已将棉籽作为饲料利用。

现有资料认为，印度人种棉花的历史可能是最久远的。

棉花的种植，最早出现在

公元前 5000 —公元前 4000 年的印度河流域文明中。

在印度河流域巴基斯坦境内的古墓中发现了距今 5 000 多年的棉织品和棉绒遗迹，这是至今人类利用棉花最早的实物证据。最早的文字记载见于 3 500 年前印度的《佛陀经典圣诗》，其中提到"织布机上的线"。距今 2 800 年的印度佛经中，"棉花"一词已经屡见不鲜，从语义上判断，好像几世纪以前棉花就已经是常见之物了。

孟买称重的棉花情景

孟买棉花市场

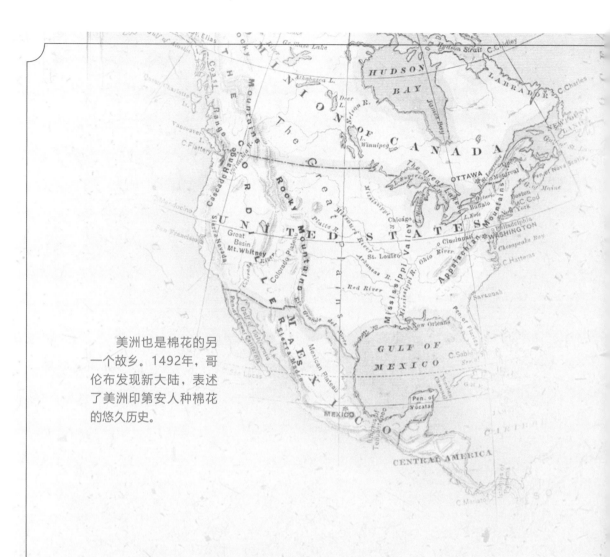

美洲也是棉花的另一个故乡。1492年，哥伦布发现新大陆，表述了美洲印第安人种棉花的悠久历史。

哥伦布在他的航行日志中记述，1492 年 10 月 12 日，他们刚刚到达美洲一个叫巴哈马岛时，当地人"把棉线团赠送我们做礼品"。在古巴靠岸时，哥伦布用诧异的眼光注意到当地人用棉花织成的色彩艳丽的棉织品和棉绒吊床。后来，在墨西哥、秘鲁、哥伦比亚等地发现当地人的穿着都是棉织品。棉布染有各种颜色，织出漂亮的花纹和图案，做成各种式样的衣服。此外，还用棉花做成褥子、软床、绳索和吊网，擀成毡子和其他物品。他们还发现，巴西人把棉布和线团作货币使用。

阿拉巴马州棉花采摘情景

棉布碎片

近年来，在中美洲尤卡坦半岛"玛雅文化"遗址中，发现了古代织法十分特殊的精致棉织品碎片。考古学家认为，美洲印第安人种棉花的历史至少也可以追溯到5 000 年以前。

棉花在植物分类上属于锦葵科棉属。现在已知的棉属植物有 50 多种，有乔木、灌木，有一年生或多年生草本植物。有的木本棉花树的寿命长达十几年，还有更长寿的棉花树。在这为数众多的野生棉中有 4 个种被人类长期选择进化成为世界各地广泛种植的栽培种，分别为亚洲棉、非洲棉、陆地棉和海岛棉。它们的祖先都是野生棉花。关于这4 个棉种在我国的传入与发展，在棉花生产章节会有详细介绍。

野生棉花

棉花传入中国
Cotton Introduced into China

在我国古代文字中，找不到"棉"字，只有"绵"或"耗"指蚕所产的丝绵，这说明我国不是棉花的原产地。最早传入我国的棉花为亚洲棉，之后又传入非洲棉（草棉），但两者传入的具体时间难以确定。棉花传入后，在边疆一带称为"吉贝"或"白叠"等，这都是梵语的音译。战国后期《尚书·禹贡》载："岛夷卉服，蕨筐织贝"。

里面包铁、外面覆棉的
棉甲出现于元朝

一些学者推测夏禹时代
（公元前 2000 年左右）
我国东南沿海居民已用棉花织布，
即中国种植与利用棉花始于
4 000 年以前

尔后种棉渐多，为人所常见，由于棉絮洁白，酷似丝绵，遂称棉花为"木绵"，即加上木字以表明系植物所长之绵，而区别于蚕产之丝绵。南宋时期（公元1190年）出现了木旁的"棉"字，专指棉花。然而，历史上的木绵二字并未消灭，改为木棉而又延续至今。如今，木棉仅指多年生木本植物，包括棉花树和木棉树。

亚洲棉、非洲棉
进入我国主要有三种途径

第一路 ---- **第二路** ---- **第三路**

非洲棉经由中亚、西亚进入新疆维吾尔自治区吐鲁番市，再传至河西走廊一带，称为"白叠布"。

亚洲棉从缅甸进入云南、贵州等地，称为"橦布"。

西汉时从越南经海路传至海南岛、福建、广东、广西等地，称为"越布"。

近代，另外两大棉种传入我国的途径：陆地棉于1865年被引入我国天津，之后在湖北等地试种、推广；大约在20世纪以前，多年生海岛棉传入我国云南、福建、海南、台湾、广东、广西壮族自治区（全书简称广西）等地，而一年生海岛棉的传入始于20世纪初在海南岛等地的试种。

《后汉书·南蛮传》中载：
"武帝末年，珠崖太守会稽孙幸调广幅布献之。"
其中"珠崖"即指当今的海南岛。

我国棉花的发展
The Development of Cotton in China

　　我国棉花大发展时期是在宋末元初。据史料记述，由于当时社会经济繁荣和人民生活的需要，公元 13 世纪中叶，南路棉花从福建、广东、广西传至长江流域各省（区）；西路棉花从新疆维吾尔自治区（以下简称新疆）经甘肃和陕西传至黄河流域各省（区）。棉花种植面积大幅扩大。

公元 1289 年，元朝统治者在浙江、江西、湖南、广东、广西等省（区）设"木棉提举司"。这是一个专门征收棉布的机构，每年要征收棉布约十万匹。可见，当时我国内地棉花发展之快和纺织业兴起的规模。

○ 西路棉花传入地

新疆

甘肃　陕西

福建

广西　广东

南路棉花传入地

南海诸岛

宋代，一位伟大女性黄道婆的出现，促进了棉纺技术的普及。她学会了黎族人纺棉的技术，并将其与中原纺织技术结合，后继续改进棉纺织技术，升级、开发新式纺车。由此，中国的棉纺织技术开始突飞猛进，并极大带动了棉花种植的推广。

康熙皇帝甚至说，
木棉之为利，功不在五谷之下。

从明清时期开始，长江三角洲地区形成棉业的"传统工业区"。
尤其是在清代经济史中，棉纺织业的地位仅次于农业。

因此，明清时期"稻花香里说丰年"的江南地区出现"邑中种稻之田不能十一""其民独托命于木棉"的景象。

古代生活场景

随着棉花种植推广，我国植棉和棉纺织技术快速发展。直到英国工业革命，中国纺棉的技术水平都具备世界较高水平。但此后由于在机械化程度和动力方面未能取得明显的技术进步，中国纺织业逐渐落后于西方。

1831年，中国棉纺织品贸易由"出超"转变为"入超"，手工最终败给了机器。

但不管怎么说，在历史上较长一段时间，我国的棉花都曾因其产量高、品质好，棉织品轻盈柔软、色泽艳丽开创了"美好时代"。它不仅为我国提供了精美织品，而且远渡重洋，销售至东南亚以至欧美各国。

古代老字号店铺

革命就是解放生产力。

　　新中国成立后，在大搞农田基本建设的基础上，我国采取了扩大棉田面积、推广先进农业技术、更换优良棉种等措施，棉花播种面积扩大一倍多，推广优良棉种占棉田的97%。

　　我国棉花总产量和单位面积产量增长速度都超过了世界主要产棉国家，成为了世界植棉大国之一。

　　1949年新中国成立之后的近70年，植棉领域有2个划时代事件：

　　一是1983年全国棉花大丰收，标志我国跻身世界先进植棉大国行列，从此结束了棉花的短缺史。

　　二是2001年我国加入世界贸易组织以后，依靠科技兴棉，加大投入，棉花生产快速发展，皮棉单产大幅提高，总产不断创新高；棉花流通的市场化改革加快，加工工艺向自动化和信息化迈进；棉纺织业规模迅速扩大，棉纺织装备向智能化和信息化迈进，纤维加工总量快速增长，从此我国跨入了衣着丰富靓丽和"衣被天下"的新时代。

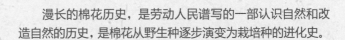

　　漫长的棉花历史，是劳动人民谱写的一部认识自然和改造自然的历史，是棉花从野生种逐步演变为栽培种的进化史。

　　人类改造自然的斗争是永无止境的，随着现代科学技术的飞跃发展，人们培育新型品种，不断改进栽培技术，提高棉花产量，为棉花的进化和广泛传播谱写新的篇章。

棉花生产
Production of Cotton

棉花种植

Cotton Cultivation

棉花采摘

Cotton Harvesting

棉花种植
Cotton Cultivation

棉花是锦葵科棉属植物种皮上的纤维。棉属有 50 多个种，栽培种只有 4 种，即亚洲棉、非洲棉、陆地棉和海岛棉。常见的棉花为陆地棉，原产地为中美洲。

1 我国棉花生产简史

在棉花传入中国之前，中国只有可供充填枕褥的木棉，没有可以织布的棉花。公元前 1 世纪起，亚洲棉陆续传入我国，主要在广东、广西和云南等热带地区种植。与此相近的时间，非洲棉（也称草棉）从西域传入我国新疆。12 世纪后，亚洲棉逐渐从华南引入长江流域。

关于棉花传入中国的记载是这样说的："宋元之间始传种于中国，关陕闽广首获其利，盖此物出外夷，闽广通海舶，关陕通西域故也。"从此可以了解，棉花的传入有海陆两路。泉州的棉花是从海路传入的，并很快在南方推广开来，至于全国棉花的推广则迟至明初，是朱元璋用强制的方法才推广的。黄道婆将纺织技术从海南引入松江府（今上海）一带，长江流域的棉花生产及纺织业得以持续蓬勃发展。一直到20世纪初，我国广泛种植的棉花均为亚洲棉。经长期演化，加上生产上的人工选择，亚洲棉在我国形成了独特的亚种，成为中棉。

亚洲棉和草棉　纤维较短、粗，弹性大，绒长在 23 毫米以下，可纺低支粗纱，产量不高。

陆地棉　纤维松散、较细、柔软、有弹性、颜色洁白或乳白，有丝光，绒长 23~33 毫米，其中以 25~31 毫米居多，适合纺中高档纱。

亚洲棉

草棉

陆地棉

长绒棉　1950 年前后，我国从埃及引进海岛棉（也称长绒棉），在华南和长江流域棉区种植，后转移到新疆。目前我国仅在新疆南疆盆地、塔克拉玛干沙漠北缘部分积温较高的区域种植。世界上其他海岛棉主要生产国包括埃及和美国等。

海岛棉（长绒棉）

　　其纤维细、强力大，弹性小、颜色白、乳白或浅黄，绒长 33 毫米以上。当前我国种植的长绒棉品种，其绒长一般大于 35 毫米，适合纺高档纱，其中绒长大于 37 毫米的长绒棉，又称"超级长绒棉"。20 世纪 80 年代以来，我国还陆续选育了一些海陆杂交种，纤维长度也达到 33 毫米以上。

19 世纪中期	20 世纪前期	20 世纪中期
我国开始从美国引进陆地棉（也称细绒棉）。	民国政府组织多次引进，并开展多点试验，陆地棉产量高、品质好，很快得到推广种植。	1950 年起，我国陆续引进岱字棉 15、斯字棉、德字棉等种植，实现了新中国棉种的第一次更新换代，陆地棉全面取代亚洲棉，产量、品质大幅度提高。

2 棉种分类

(1) 按遗传育种方式分

可以分为常规品种、杂交种。

①**常规种**　主要是可遗传稳定的家系品种，即通过在品种内的自然变异，或在品种间杂交后代中择优选育的、可稳定遗传的品种。

中棉所 49（常规棉花品种）

②杂交棉 是经过品种（系）间杂交，或在种属间远缘
杂交而成的组合。

中棉所 80（杂交棉花品种）

③**转基因抗虫棉**　是应用生物技术手段将苏云金芽孢杆菌杀虫蛋白基因（Bt）导入棉花，使棉株可以产生专门对鳞翅目害虫起作用的内源毒素蛋白而对棉铃虫、红铃虫等具有抗性的棉花品种。**转基因抗虫棉常规品种和杂交种均已在生产中大面积应用。**

中棉所 41（转基因棉花品种）

（2）按生育期分

生育期是指棉花从播种（或出苗）到全田 50% 植株开始吐絮经历的天数，是棉花品种生态适应性和高产优质栽培的一项重要指标。划分品种成熟性的基本依据是霜前花率达到80% 所需的 15℃活动积温，以保证棉花纤维有足够的成熟度。

类型	≥ 15℃活动积温（℃）	生育期（天）
早熟类型	3 000~3 600	100~110
中早熟类型	3 600~3 900	125~135
中熟类型	3 900~4 100	136~150
晚熟类型	4 500 以上	150 以上

可以分为白棉、彩棉。

(3) 按照颜色分类

①**白棉** 正常成熟、正常吐絮的棉花，不管原棉的色泽呈洁白、乳白或淡黄色，都称白棉。棉纺厂使用的原棉，绝大部分为白棉。

②**彩棉** 彩棉是指天然具有色彩的棉花，是在普通白色棉中产生的天然变异有色棉基础上筛选而来的特色品种。天然彩色棉花仍然保持棉纤维原有的松软、舒适、透气等优点，制成的棉织品可减少印染工序和加工成本，能适量减轻对环境的污染，但色相缺失，色牢度不够，仍有待进一步选育、改进。利用常规技术、杂交技术改良，有望育成产量更高、色彩更丰富的彩色棉品种。

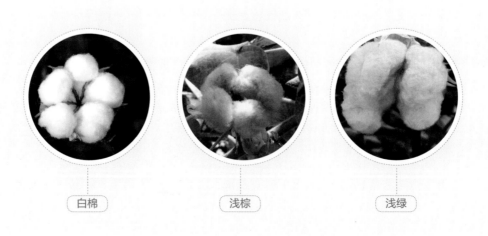

白棉　　　　　　浅棕　　　　　　浅绿

3 棉花种植区域

20 世纪 40—50 年代，中国现代棉作科学的主要奠基人冯泽芳等将全国棉区从南到北依次划分为华南棉区、长江流域棉区、黄河流域棉区、北部特早熟棉区和西北内陆棉区，即五大棉区。一些学者也提出了其他棉区划分意见，还在五大棉区内各自划分了不同的亚区，但五大棉区得到广泛认可。

30% 南方

70% 北方

新中国成立 70 年来，全国棉花种植区域分布经历了三次结构性调整。

第一次调整在 20 世纪 80 年代，在经过了 10 年的调整之后，全国棉花呈现"南三北七"结构，南方面积和总产占全国的 30%，北方包括西北内陆在内棉田占 70%，其中，黄河流域棉田比重提高到 60%。

第二次调整始于**20世纪90年代初至21世纪前十年**。1992—1993年黄河流域棉区棉铃虫的暴发危害，推进棉区向西北内陆棉区转移，在20世纪90年代过渡期间，由于新疆维吾尔自治区植棉面积不断增加，全国棉田区域布局呈现"南三北六西一"格局（此时期北方仅指黄河流域、西指西北内陆）在过渡期之后便展现出了"三足鼎立"结构。

30%
长江流域

60%
黄河流域

10%
西北内陆

进入**21世纪**，随着棉花市场价格和植棉成本变化，全国棉区分布又呈现"一家独大"格局，黄河流域和长江流域面积产量均大幅萎缩，而西北内陆棉区的面积和产量稳步增加。根据国家棉花市场监测系统数据，截至2018年，西北内陆棉区中仅新疆区棉花产量即占全国比重近70%。

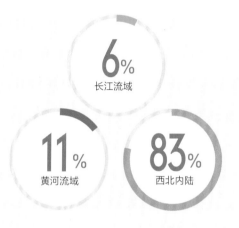

6%
长江流域

11%
黄河流域

83%
西北内陆

4 棉花栽培方式

　　我国棉花主要分为营养钵育苗移栽、轻简化的油（麦）后直播棉、基质育苗移栽和膜上、膜下点播种植模式。

　　　　新疆地区由于特殊的地理气候环境因素，为了确保棉花生产，逐渐发展、完善了膜上点播和膜下点播种植模式。长江流域和黄河流域地区一般采取营养钵育苗、直播棉和基质育苗移栽。

　　经过多年实践，以上种植模式已成为棉田多熟间作、套作、复种多种作物普遍应用的技术设施。

（1）营养钵育苗移栽

▶ 棉花营养钵育苗流程

选好苗床

棉花育苗苗床的选择，应与移栽大田相靠近，以背风向阳、排灌方便、土质较好的无病地块为主。

培肥床土

结合苗床春耕翻整，熟化土壤、施好肥料、培肥床土。苗床用肥应以有机肥为主，辅以少量的磷、钾肥。各种肥料与床土要充分拌匀、并清除粗硬杂物。

及早制钵

早春天气变化多变，黄河流域棉区在 4 月底前完成制钵任务。钵体质量的高低直接影响棉花出苗的一致性和出苗率及大壮苗的培育。在制作钵体时，要做到床底平整，水分均匀、高度一致、钵体摆放紧密整齐。

选晒棉种

为选增强发芽率、出苗率,在播种前应精选种子,去除破、瘪籽,并利用晴好天气晒种 2~3 次,促进种子打破休眠,而对精加工、脱绒包衣的种子则不能晒种。

苗床管理

采用地膜覆盖和拱棚增温促进出苗,出苗后及时补充水分,通风降温。气温高、阳光强烈时,可在 9—15 时揭开两头棚膜通风或揭半边膜通风。同时苗期还要注意防治病虫害。

适时播种

关注天气预报,在气温稳定在 8℃时,且连续有 3 天以上的晴好天气出现时,即可突击播种,播种时坚持一钵一粒,并用肥细土盖籽 1.5 厘米左右,争取做到一播全苗。

大田移栽

育苗后移栽的关键技术是提高栽后成活率和缩短缓苗期。选择晴好天气移栽,按计划和数量合理安排人力和物力。做到取苗和移栽合理衔接。移栽后及时封土,做到封好、封严、封实,封土采用爽土细土,厚度以 3~5 厘米为宜。

（2）油（麦）后直播棉

▶ 流程

收获前茬（油菜、小麦等）腾地 ① → 选种 ② → 晒种 ③ → 播种 ④

收获腾地

　　前茬收获时采取浅茬收割，收获结束后根据土壤墒情，及时进行灭茬、耕地，如土壤墒情不好麦收后应及时灌水。也可抢墒进行板茬免耕播种。

选种

　　由于麦后直播棉为一年两熟，茬口要求较为严格，对棉花品种的选择有较高的要求，一般选取生育期较短（110天左右）的棉种。选购脱绒包衣棉种，或进行药剂拌种处理。

晒种

播种前对棉种进行晒种 1~2 天，以提高发芽率。

播种

播种时间一般为大麦（油菜）茬在 5 月 25—30 日，小麦茬最晚不能晚于 6 月 10 日。播种方式应根据播种面积大小选择不同的播种机械，例如手推的"点播龙"、小型播种机、大型播种机等，也可进行人工点播。采用机械播种时，把晾晒后的棉花脱绒包衣良种和复合肥分别倒入播种机内，将肥料条施在 2 行棉花中间。也可以采用配套机械一次性作业，完成灭茬、开沟、播种、施种肥、覆土工序。

（3）基质育苗移栽

① 选址 → **③** 播前准备 → **⑤** 苗床填充基质 → **⑦** 苗床管理

② 建床 → **④** 拌料 → **⑥** 播种 → **⑧** 移栽

① 选址

背风向阳、地势平坦、离水源较近、靠近棉田，或房前屋后没有遮挡的开阔地。

③ 播前准备

选种、晒种；准备干净河沙、无土育苗基质、促根剂、保叶剂等。

② 建床

四面用砖围建宽 120 厘米、深10 厘米左右的长方形苗床。铲平床底，浇水软化土块，夯实；底部和四周铺设苗床。

④ 拌料

拌料时先将基质与河沙等按一定比例混合，浇水混拌均匀，至用手握可成团、指缝间没有水滴落下即可。

⑤ 苗床填充基质

配好的基质装入苗床，用木板刮平即可。

⑦ 苗床管理

苗床管理以控为主，即控温、控水、控苗。

⑥ 播种

播种时间按移栽时间和育苗期20~30天倒推。选晴天，按行距10厘米划行，沟深3厘米，按粒距2厘米播种，用薄层基质覆盖种子，将床面抹平，并轻轻振压，盖膜。脱绒包衣棉种不用浸种，直接干籽下种。

⑧ 移栽

移栽大田时要求底墒足，地平地净，土壤疏松。移栽时移栽深度以不低于7厘米为宜，通常栽苗高的一半（7~10厘米），棉苗要扶正压实，安家水要浇足，提倡覆盖地膜。

（4）新疆膜上点播

▶ **膜上点播流程图**

1 施肥整地造墒 → 2 种子处理（晒种—药剂拌种）

6 膜孔覆土 ← 5 膜上打孔精量播种 ← 4 覆膜 ← 3 滴灌带铺设

注：③④⑤⑥可一体化完成。

🌱 施肥整地造墒

农谚说"土是本、肥是劲、水是命"，这说明棉花播种前搞好整地施肥造墒的重要性。一般要求棉花播种前 15 天左右及时进行整地施肥造墒。施肥后，及时耕翻整地，要把地整的无明暗坷垃上暄下实、平整无洼地，能在大雨后及时排水。

🌱 种子处理

①**晒种**　一般在播种前 15 天进行晒种。晒种时，特别注意不要在石板上、水泥地面或塑料薄膜上晒种，以避免高温灼伤棉种，影响种子发芽率。

②**药剂拌种**　药剂拌种，可以杀死种子携带的病菌和播种后周围土壤中的病菌，以提高出苗率，防治苗期病害，配合使用杀虫剂拌种，也可以减轻苗期虫害的危害。

☁ 滴灌带铺设—覆膜—膜上打孔精量播种—膜孔覆土

滴灌带铺设、覆膜、膜上打孔精量播种、膜孔覆土一体化。

（5）新疆膜下点播

▶ 膜下点播流程图

① 整地造墒 → ② 种子处理（晒种—药剂拌种）→ ③ 将精量点播、滴灌带铺设、覆膜三步骤一体化完成

　　无论以上哪种播种方式，应根据发芽率高低、留苗密度及土壤墒情状况决定播种量，播种量不能过大，一般在1~1.5千克/亩[*]。否则，既浪费种子，出苗后又易形成高脚弱苗，病害发生重。

注：1亩≈667平方米，全书同。

5 棉花生长阶段及影响因素

▶ 棉花生长阶段管理

① 定苗 → ② 中耕 → ③ 喷药防虫

⑦ 采摘收获 ← ⑥ 科学施肥 ← ⑤ 合理灌水 ← ④ 打顶化控

注: ③④⑤⑥环节在实际操作中经多次穿插或一起完成。

☁ 苗期

苗期是指棉花从出苗到现蕾。一般是从 4 月底、5 月初至 6 月中上旬,历经 45 天左右。棉花苗期为营养生长期,影响棉苗的主要环境因素是温度。

除了温度外,如果此期间连续阴雨,水分过多,缺乏光照等,也会造成棉苗争光上窜,形成高脚细弱苗,推迟生育期,甚至会严重影响根系发育,苗病发生加重,导致烂种、烂芽甚至死苗。

☁ 蕾期

棉花蕾期是指从现蕾到开花期间,一般从 6 月上中旬至 7 月上旬。棉花蕾期生长水平直接影响到中、后期抗灾能力和最终的经济产量。

由于棉花现蕾一般在 6 月上中旬,气温较高,此时降水量的多少是决定现蕾多少的关键因素,此期的疯长、高温干旱等会严重影响棉花生育。

浅黄色花朵

粉色花朵

乳白色花朵

🌸 花铃期

　　花铃期是指从开花到吐絮这一段时间，一般从 7 月上旬至 8 月底、9 月初。花铃期在产量形成过程中占有决定性位置，是决定产量和品质的关键时期。

🌸 吐絮期

　　吐絮期是指开始吐絮到枯霜来临、生育结束的一段较长的时间。一般在 8 月下旬、9 月初开始吐絮，持续 70~80 天。期间影响棉花产量和质量的因素主要有：阴雨连绵加重棉花烂铃，冷秋年份使棉花贪青迟熟、纤维发育不良等。

6 棉花主要灾害及影响

影响棉花生长和发育的灾害主要有两种，一是气象灾害，例如雨涝、冰雹、干旱等；二是病虫害，如棉花枯黄萎病、棉花铃病、各种虫害等。

(1) 气象灾害

雨涝

雨涝灾害是频发性、季节性的严重自然灾害，轻者造成棉花减产，重则绝收。长江流域棉区一般 7—8 月发生雨涝，而黄河流域棉区一般发生在 6—8 月。不同程度的雨涝对棉苗的影响不同。

冰雹

我国冰雹的危害范围广，主要棉产区历年都可能遭受不同程度的雹灾。由于棉花具有无限生长性和较强的再生性，程度较轻的雹灾对棉花影响较小，如果冰雹程度较重，又处于棉花生长的关键时期，也会造成棉花减产甚至绝产。

干旱

黄河流域棉区由于常年冬春干旱，因此在播种出苗期对棉花影响较大；长江流域棉区，对棉花影响较大的主要是夏季干旱和秋季干旱；新疆棉区常年降水量偏小，棉田干旱经常发生，需灌溉植棉。

(2) 病害

> 棉花生长过程中，有很多病害随时会影响棉花的生长和发育。棉花生长时期不同，病害的种类也不一样。

①**苗病**　苗期病害可统称为苗病。低温阴雨是导致棉花苗期病虫害发作的主要原因。目前国内发现的苗病有 20 多种，例如棉花立枯病、炭疽病等，造成棉田缺苗断垄，严重时会影响棉花产量。

棉花枯萎病和黄萎病是全球危害棉花最严重的两种病害，在我国棉花生产上简称为"两萎病"。

棉花枯萎病

②**棉花枯萎病**　病菌能在整个生长期间侵染危害。在自然条件下，枯萎病一般在播后 30 天即出现病株。由于受棉花的生育期、品种抗病性、病原菌致病力及环境条件的影响，棉花枯萎病呈现多种症状类型。

③**棉花黄萎病**　能在棉花整个生长期间侵染，在自然条件下，黄萎病一般在播出 30 天以后出现病株。由于棉花品性、抗病性、病原菌致病力及环境条件的影响，黄萎病呈现不同病状类型。

棉花黄萎病

④**棉花红叶茎枯病** 主要是由花期和结铃期肥水失调，营养不足，特别是缺钾肥造成的。一般在蕾期初发，花期普发，铃期盛发，吐絮期成片死株。

⑤**棉花铃病** 我国棉花铃病发生普遍，造成烂铃、僵瓣，严重影响棉花的产量和质量。一般情况下，连续下雨3~5天或10~20毫米以上降雨3~5天，田间就会出现大量烂铃，8—9月的雨量和雨日是铃病的决定因素。

(3) 虫害

①**棉花苗期** 主要虫害有棉蚜、棉叶螨、棉蓟马、烟粉虱等危害叶片的害虫，以苗蚜危害最常见。

棉蚜虫　　　　棉叶螨　　　　棉蓟马　　　　烟粉虱

②**蕾铃期** 主要有棉铃虫、红铃虫、盲蝽等害虫。

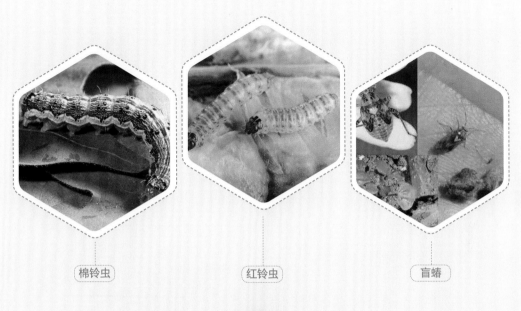

棉铃虫　　　　　　　　红铃虫　　　　　　　　盲蝽

　　除了以上介绍的影响棉花生长发育的主要气象灾害和病虫害外，还有许多因素如大风、沙尘和冻害等也会影响棉花的产量和质量。

二

棉花采摘
Cotton Harvesting

1 棉花采摘方式

　　主要分为人工采摘和机器采摘两种方式。

(1) 人工采摘棉花要求

要做到

四白	四白（白帽子、白兜子、白袋子、白绳子）。
四分	霜前花和霜后花、好花与僵瓣花、好花与虫害花、好花与黄染棉分拾、分运、分垛、分轧。
六不带	不带草叶、不带草籽、不带棉壳、不带头发、不带纤维丝、不带动物毛。

防止混收降低等级

（2）机器采摘棉花要求

　　脱叶剂喷施 20 天以后，脱叶率达到 90% 以上，吐絮率达到 95% 以上，即可进行机械采收。机采前收好滴灌带支管，埋好滴灌毛管断头；人工采摘地头、地角的棉花；查看通往被采收条田的道路有无障碍物影响通行；查看地块墒情是否影响机车行走。

20 天

脱叶剂喷施
20 天以后

90 %

脱叶率达到
90% 以上

95 %

吐絮率达到
95% 以上

即可进行机械采收

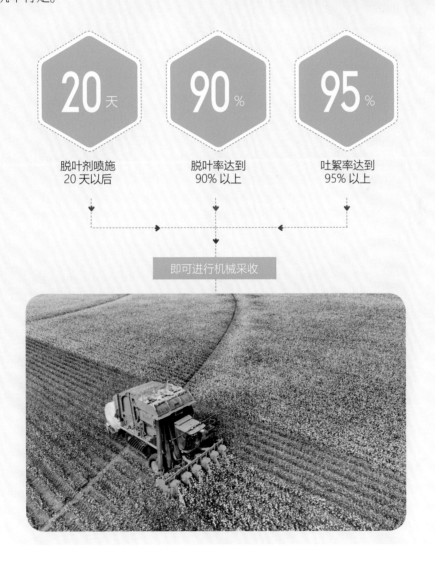

棉花收购与加工
Cotton Procurement and Processing

棉花收购

Cotton Procurement

棉花加工

Cotton Processing

一

棉花收购
Cotton Procurement

1 棉花收购概述

　　采摘回来的棉花要分开摊晒。由于气候因素，一般棉花采摘后并不能直接出售，而需要适当晒干，减少水分。

分晒

分摘

　　种子棉和一般棉分开采摘；霜前棉和霜后棉分开采摘；僵瓣棉、污染棉和好棉分开采摘。

　　棉花收购是整个棉花流通环节的开始，是棉花
业务经营的重要环节。

　　要做好棉花收购工作，必须搞好棉花的采摘和
"四分"，只有适时采摘棉花，搞好"四分"工作，
才有可能收购更多的优质棉花。棉花"四分"是指
根据棉花的不同品质，分摘、分晒、分存和分售。

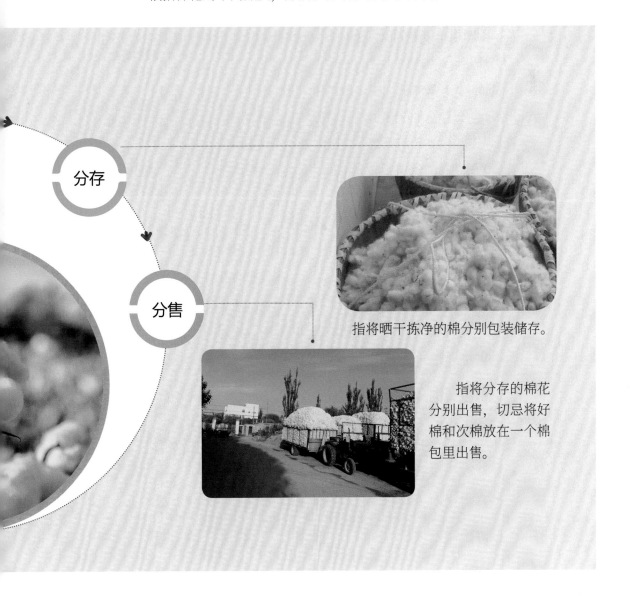

分存

分售

指将晒干拣净的棉分别包装储存。

指将分存的棉花
分别出售，切忌将好
棉和次棉放在一个棉
包里出售。

2 棉花收购流程

① 点数看货，好次分开 → ② 随机取样，内部传递 → ③ 一试五定，密码检验

⑥ 结算货款 ← ⑤ 过磅入库 ← ④ 出具检验过磅结算单据

中国棉花年度的计算时间为当年9月1日至翌年8月31日。中国棉花收购开始时间随着棉花成熟程度不同而异。一般来说，南方棉区8月下旬或9月上旬开始收购工作，北方棉区9月中旬才能开始棉花收购。棉花收购进度各年份间也存在较大差异，这主要与当年全国棉花总的供求状况、收购价格水平以及棉农是否惜售等密切相关。

正常年景下，9月全国各棉区能够开秤收购，10月、11月则进入收购旺季，其中，10月应能收购全年棉花总量的40%左右。12月以后，棉花收购量将会明显逐月减少，有些年份在农历新年之前，也会出现售棉的小"高潮"，主要原因在于棉农可以通过卖棉获得棉款过年。

南方棉花 收购时间
8月下旬或9月上旬

北方棉花 收购时间
9月中旬

新疆棉花 收购时间
8月下旬

（1）点数看货，好次分开

点数即清点将要收购的棉花件数。看货即粗检。看货应卸车开包，以防内外品质不一，包与包的品质不一，防止包内含有粗大杂质和超水棉。通过看货，对品质有差异的棉花进行分别处理，分别包装后再出售。

点数看货，是整个收购工作的第一道环节，是准确取样、合理验级的基础，应有一定检验技术的人员专门负责。

（2）随机取样，内部传递

所谓取样即从待验的棉花中按照规定的取样量和方法取出有代表性的样品，并将此作为检验定级的依据。随机取样时指不带任何主观性的取样，使取样具有代表性。

(3) 一试五定，密码检验

这是中国棉花收购人员经过长期实践所总给出来的行之有效的工作方法，也是整个收购工作能保证检验棉样与实际棉花品质是否一致的核心。

所谓"一试五定"是指检验籽棉实行逐批试轧定衣分，对照标准定品级，手扯尺量定长度，仪器测量定水分，估验对照机验定杂质。

所谓密码检验，是某一棉农的棉花进入收购场地后，棉花收购站检验人员给这批棉花编号，一式两联，其中一联交给棉农随棉花送去过磅、上垛，然后到结算室结算价款，另一联由检验人员连同检验的棉花样品送达检验室检验，检验结果填单，由内部人员递送结算室，结算室结算完毕后呼叫编号。再对检验结果征得出售这批棉花的统一后，与其结算。

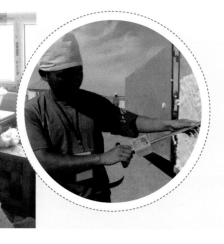

（4）出具检验过磅结算单据

棉花检验人员将检验结果填好后，连同取样单据传递到过磅环节。

（5）过磅入库

过磅人员将棉农交售的籽棉过磅，并将有关结果填入结算单据，随后，该批棉花即可入库。

（6）结算货款

售棉者凭有关单据到结算室对照单据结算并领取货款。

二

棉花加工
Cotton Processing

❶ 棉花加工概念

　　棉花加工也称为籽棉加工或棉花初加工。从棉田里采摘的籽棉，只有经过皮辊轧棉、锯齿轧棉等初加工使棉纤维和棉籽分离，才能成为工业可以直接利用的原料——皮棉、棉短绒和棉籽。

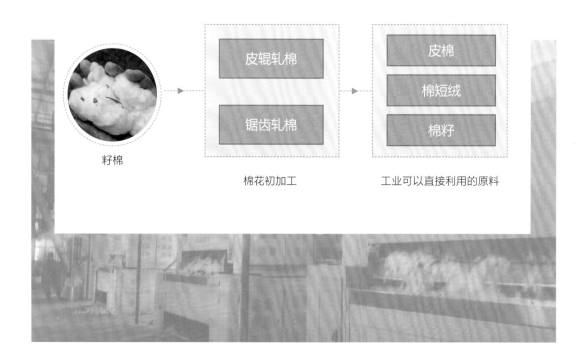

籽棉 → 皮辊轧棉 / 锯齿轧棉 → 皮棉 / 棉短绒 / 棉籽

籽棉　　　　　棉花初加工　　　　工业可以直接利用的原料

② 棉花加工方式

棉花加工方式分为皮辊轧棉和锯齿轧棉两种。近年来，市面上以采用锯齿轧棉机加工为主，故本节内容主要围绕锯齿棉展开。

皮辊棉

采用皮辊轧棉机轧得的皮棉为皮辊棉。皮辊棉含杂、含短绒较多，纤维长度整齐度较差。皮辊轧棉作用较缓和，不损伤纤维，轧工疵点少，但有黄根，皮棉呈片状。适宜加工长绒棉、低级棉和留种棉。

锯齿棉

采用锯齿轧棉机轧得的皮棉为锯齿棉。锯齿棉含杂、含短绒较少，纤维长度整齐度较好。锯齿轧棉作用较强烈，易损伤纤维，轧工疵点多，籽屑含量较高，皮棉呈松散状。适宜加工细绒棉。

③ 棉花加工步骤

轧花

通过轧花机将棉纤维与棉籽分离，分离出来的棉纤维叫皮棉或原棉。

剥绒

利用剥绒机将生着在棉籽上的短纤维与棉籽分离的工艺过程。国内目前普遍使用锯齿剥绒机，锯齿剥绒工艺实行分道剥绒，连续生产，即先剥头道绒，再剥二道绒，最后剥三道绒。

下脚回收清理

把轧花和剥绒过程中排出的僵瓣、不孕籽、落地棉、带纤维杂质和尘塔中的棉纤维分别回收清理。

打包

将轧出的皮棉、剥下的棉短绒和回收清理出的棉纤维分别打成棉包，便于运输。

④ 棉花加工要求

◆ 在棉花采摘、交售、收购和加工中严禁混入危害性杂物。

◆ 采摘交售棉花，禁止使用易产生异性纤维的非棉布口袋，禁止用有色的或非棉线、绳扎口。

◆ 收购、加工棉花时，发现混有有色金属、砖石、异性纤维及其他危害性杂物的，必须挑拣干净后方可收购、加工。

注：异性纤维即三丝。混入原棉中的"三丝"，容易被打碎成无数纤维小疵点，在纺织加工中难以清除，影响棉纱和布的质量。

棉花标准与检验
Cotton Standard and Inspection

国家棉花实物标准
Physical Standard of Cotton Grade

棉花检验
Cotton Inspection

棉花包装
Cotton Packaging

一

国家棉花实物标准
Physical Standard of Cotton Grade

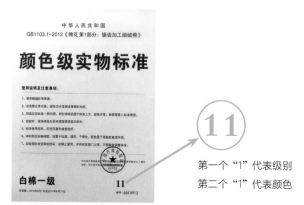

第一个"1"代表级别

第二个"1"代表颜色

◆白棉一级 11

颜色特征

洁白或乳白、特别明亮。

对应的籽棉形态

早、中期优质白棉，棉瓣肥大，有少量的一般白棉。

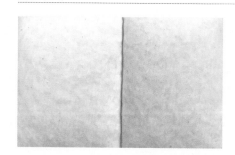

◆白棉二级 21

颜色特征

洁白或乳白、明亮。

对应的籽棉形态

早、中期好白棉，棉瓣大，有少量雨锈棉和部分的一般白棉。

◆白棉三级 31

颜色特征

白或乳白、稍亮。

对应的籽棉形态

早、中期一般白棉和晚期好白棉，棉瓣大小都有，有少量雨锈棉。

◆白棉四级 41

颜色特征

色白略有浅灰、不亮。

对应的籽棉形态

早、中期失去光泽的白棉。

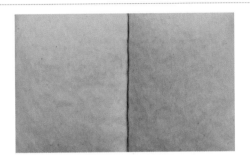

◆淡点污棉一级 12

颜色特征

乳白带浅黄、稍亮。

对应的籽棉形态

白棉中混有雨锈棉、
少量僵瓣棉，或白棉变黄。

◆淡点污棉二级 22

颜色特征

乳白带阴黄，
显淡黄点。

对应的籽棉形态

白棉中混有部分早、
中期僵瓣棉或少量轻霜棉，
或白棉变黄。

◆淡黄染棉一级 13

颜色特征

阴黄，略亮。

对应的籽棉形态

中、晚期僵瓣棉、少量污染棉和部分霜黄棉，或淡点污棉变黄。

◆淡黄染棉二级 23

颜色特征

灰黄、显阴黄。

对应的籽棉形态

中、晚期僵瓣棉、部分污染棉和霜黄棉，或淡点污棉变黄、霉变。

◆黄染棉一级 14

颜色特征

色深黄，略亮。

对应的籽棉形态

比较黄的籽棉。

（1）颜色分级

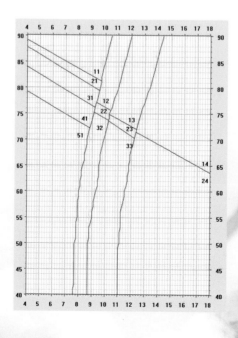

(2) 轧工质量分档条件

好	中

外观形态

表面平滑，棉层蓬松、均匀，纤维纠结程度低。

疵点种类及程度

带纤维籽屑少，棉结少，不孕籽、破籽很少，索丝、软籽表皮、僵片极少。

外观形态

表面平整，棉层较均匀，纤维纠结程度一般。

疵点种类及程度

带纤维籽屑多，棉结较少，不孕籽、破籽少，索丝、软籽表皮、僵片很少。

二

棉花检验
Cotton Inspection

1 中国棉花检验内容与性质

　　棉花检验就是鉴定棉花的质量。棉花由于品种、生长期及所处地理位置不同，质量会有明显差异。不同质量的棉花使用价值不同。为鉴定不同棉花的价值，需要进行棉花检验。在中国，棉花是籽棉、皮棉和絮棉的统称，棉花检验通常指经过轧花的皮棉检验。

（1）检验内容

　　从项目上看，棉花检验内容包括颜色级、纤维长度、马克隆值、长度整齐度、断裂比强度、轧工质量、含杂率、回潮率等。

颜色级

　　指棉花颜色的类型和级别。类型依据黄色深度确定，分为白棉、淡点污棉、淡黄染棉、黄染棉等四类；级别依据明暗程度确定，分为1~5级。其中白棉1级为颜色级最好。我国新棉以白棉为主。各颜色级别表述如下表（阴影部分为符合入储的指标）：

级别	类型			
	白棉	淡点污棉	淡黄染棉	黄染棉
1级	11	12	13	14
2级	21	22	23	24
3级	31	32	33	
4级	41			
5级	51			

🌱 棉纤维长度

是指棉纤维伸直时两端间的距离，以1毫米为级距，28毫米（包括28.0~28.9毫米）为长度标准级。

🌱 马克隆值

是在特定条件下棉纤维线密度与成熟度的综合指标。马克隆值越高成熟度越好。

C1	B1	A	B2	C2
3.4及以下	3.5~3.6	3.7~4.2	4.3~4.9	5.0及以上

分级	分档	马克隆值
A 级	A	3.7~4.2
B 级	B1	3.5~3.6
	B2	4.3~4.9
C 级	C1	3.4 及以下
	C2	5.0 及以上

注：国际上通常把 A 级、B 级（3.5~4.9）的马克隆值称为优质马克隆值范围。

长度整齐度

是反映棉纤维长度分布的集中性与离散性的指标。整齐度越高，说明棉纤维长度分布比较集中，短绒含量少，对纺纱生产和成纱质量有利。

分档	代号	长度整齐度指数（%）
很高	U1	≥ 86.0
高	U2	83.0~85.9
中等	U3	80.0~82.9
低	U4	77.0~79.9
很低	U5	< 77.0

断裂比强度

是指棉纤维单位线密度所承受的断裂强力。

分档	代号	断裂比强度（cN/tex）
很强	S1	≥ 31.0
强	S2	29.0~30.9
中等	S3	26.0~28.9
差	S4	24.0~25.9
很差	S5	< 24.0

轧工质量

是指籽棉经过加工后，皮棉外观形态粗糙及所含疵点种类的程度。检验标准中根据皮棉外观形态粗糙程度、所含疵点种类及数量的多少，轧工质量分好、中、差三档。分别用 P1、P2、P3 表示。

轧工质量分档	索丝、僵片、软籽表皮（粒/100g）	破籽、不孕籽（粒/100g）	带纤维籽屑（粒/100g）	棉结（粒/100g）	疵点总粒数（粒/100g）
好	≤ 230	≤ 270	≤ 800	≤ 200	≤ 1 500
中	≤ 390	≤ 460	≤ 1 400	≤ 300	≤ 2 550
差	> 390	> 460	> 1 400	> 300	> 2 550

注：1. 疵点包括索丝、软籽表皮、僵片、破籽、不孕籽、带纤维籽屑及棉结等7种；

2. 轧工质量参考指标仅作为制作轧工质量实物标准和指导棉花加工企业控制加工工艺的参考依据；

3. 疵点检验按《原棉疵点试验方法》（GB/T 6103—2006）执行。

 含杂率

棉花（锯齿棉）标准含杂率为 2.5%。

回潮率

检验标准中规定棉花公定回潮率为 8.5%，棉花回潮率最高限度为 10%。

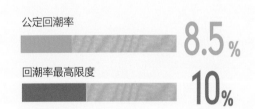

公定回潮率　8.5%

回潮率最高限度　10%

（2）检验环节

按环节要求可分为，收购检验、加工检验、签证检验、监督检验、公证检验和进出口检验。

收购检验 ▶　是棉花收购站或轧花厂收购棉花时所进行的检验，通过检验，确定棉花等级等，以实现优棉优价，这是棉花检验的基础。

加工检验 ▶　指对加工的皮棉所进行的检验，包括锯齿棉疵点检验、皮辊棉黄根率检验、棉籽毛头率检验、不孕籽含棉率检验以及衣分亏损率检验等，以调整轧花机工艺参数，提高加工质量和效率。

签证检验 ▶ 指棉花出厂外销时由具备签证资格的机构签发《棉花检验证书》所进行的检验。经过签证检验的棉花即可进入流通，供用棉企业使用。

监督检验 ▶ 指专业纤检或技术监督部门对棉花经营部门进行检查的检验。

公证检验 ▶ 指中国专业纤维检验机构按照国家标准和技术规范，对棉花质量、数量进行检验并出具公证检验证书的活动。

进出口检验 ▶ 指对拟出口的棉花或已进口的棉花所进行的质量检验。

② 检验顺序

采用纤维快速测试仪检验时，先感官检验轧工质量、异性纤维，再用纤维快速测试仪检验反射率、黄色深度、颜色级、马克隆值、长度、长度整齐度指数和断裂比强度。

三

棉花包装
Cotton Packaging

 技术要求

（1）棉包的外形尺寸及要求（实物）

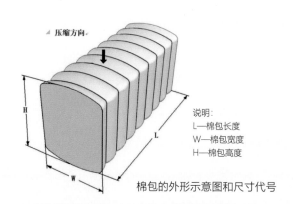

▲ 压缩方向

说明：
L—棉包长度
W—棉包宽度
H—棉包高度

棉包的外形示意图和尺寸代号

棉包外形尺寸、重量及允许偏差应符合表1规定。

表1　棉包外形尺寸、重量及允许偏差

棉包型号	长度 L（mm）		宽度 W（mm）		高度 H（mm）		棉包重量（kg）	
	基本尺寸	允许偏差	基本尺寸	允许偏差	基本尺寸	允许偏差	基本尺寸	允许偏差
Ⅰ	1 400	-30	530	-10	700	+150	227	±10
Ⅱ	800	-15	400	-10	600	+50	85	±5

注：Ⅰ型棉包两端的高度差不应大于 50 毫米，Ⅱ型棉包两端的高度差不应大于 20 毫米。

(2) 包装材料

棉布包装

采用不污染棉花、不产生异性纤维的本白色纯棉布、塑料进行包装。

塑料包装

棉包塑料包装袋应有透气孔，透气性良好，应防止杂质、灰尘进入棉包，不污染棉花。透气孔隙的制作不得在袋体内外残留薄膜废屑。

棉花包装用本白色纯棉布技术要求见表2。

表 2 棉花包装用本白色纯棉布技术要求

项目	棉布密度（根 /10cm）	棉布断裂强力（N）
经向	≥ 118	≥ 180
纬向	≥ 118	≥ 220

棉包塑料包装袋膜的技术要求见表3。

表 3 棉包塑料包装袋膜的技术要求

厚度 (mm)	拉伸强度 (MPa)		断裂伸长率 (%)	抗老化（800h 氙灯光源老化）	
	纵向	横向		拉伸强度保留率 (%)	断裂伸长率保留率 (%)
0.145±0.015	≥ 24	≥ 23	≥ 700	≥ 87	≥ 87

2 包装方法

捆扎法

皮棉经压缩并用棉布包裹后再进行捆扎的方法。

套包法

皮棉经压缩、捆扎后，把包装袋套包在棉包上的包装方法。

◆ 棉布包装适用于捆扎法或套包法，塑料包装袋仅适用于套包法。

◆ 棉布包装的棉包捆扎好后，应用棉线绳将棉包包头接缝处缝严。

◆ 成包过程中切割取样的，应将切割口用同等棉布缝严，允许用不污染棉花、不产生异性纤维的其他材料将切割口覆盖。

◆ 棉包出厂时均不应有露棉（塑料包装袋的透气孔隙除外）、包装破损及污染现象。

◆ 棉包包索排列应均匀且相互平行，包索接头应牢固、可靠。接头处应平滑，不易划触其他接触物。

◆ 棉包的聚酯捆扎带接头重叠长度应在60~80毫米。

3 棉包标志

由于检验方式不同，棉包标志有所区别。但近年来我国多以逐包检验为主，故以下主要介绍逐包检验的棉包标志。

(1) 用塑料包装的棉包

采用条码作为棉包标志，条码固定在棉布包装或塑料包装的棉包两头。

内容包括： 棉花产地（省、自治区、直辖市）、棉花加工单位、棉花质量标识、批号、包号、毛重、异性纤维含量代号、生产日期。

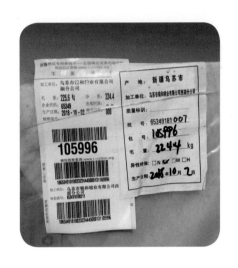

(2) 用棉布包装的棉包

棉包两头用黑色刷明标志，内容包括：棉花产地（省、自治区、直辖市）、棉花加工单位、批号、包号、毛重、异性纤维含量代号、生产日期。

注：棉花包装用聚酯捆扎带表面应标明捆扎带生产企业的商标、企业名称和生产日期等。

其他用途
Other Applications

棉副产品及其利用

Cotton By-products and
Application

其　他

Other Uses

一

棉副产品及其利用
Cotton By-products and Application

1 棉籽

棉籽是棉花生产的副产品，一般占籽棉产量的 2/3 左右，每生产 100 千克棉纤维，就会有 195 千克棉籽产出。棉籽的开发利用是棉花生产增加收益的一项重要来源，是优质食用油、高蛋白食品和饲料的重要来源。

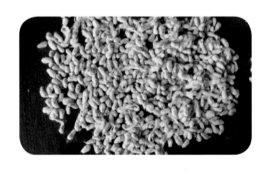

60% 左右
是棉仁
棉仁中主要成分是油脂和蛋白质

40% 左右
是棉籽壳和短绒

每吨棉籽可产

90 千克棉短绒

260 千克棉籽壳

450 千克棉饼粕或棉仁粉

150~160 千克棉籽油

2 棉籽油

　　棉籽中含有丰富的油脂，剥绒后的棉籽含油率一般在18%~20%，脱壳后的棉籽仁含油率高达35%以上，能与花生、油菜籽媲美。有降低血液中胆固醇，防治冠状动脉粥样硬化等重要作用。

18%~20%
剥绒后的棉籽
含油率

35%
脱壳后的棉籽仁
含油率

　　棉籽油除了食用之外，还是重要的化工原料，在轻工、医药等方面有广泛的应用，例如可以生产肥皂、美容护肤品等。

③ 棉短绒

棉短绒是指经过轧花后的棉籽上所残留的一层短纤维。棉短绒由三部分组成；第一部分来自"毛头"的较长纤维；第二部分来自毛籽上被轧花机轧断的纤维；第三部分是棉籽表皮上天然生长发育成的一层短而密集的纤维，这是棉短绒的主要组成部分。

棉短绒可分为"头道绒""二道绒""三道绒"它们分别可加工成不同的产品。此外，棉花还能制作手工艺品。

头道绒可以纺粗纱，生产棉毯、绒衣、绒布、印钞纸等产品。

头道绒

棉短绒占棉籽重量的 **8%～15%**
一般在轧花后将带短绒的棉籽用剥绒机剥第三道绒

每 **100** 千克棉籽
可剥下 **7～10** 千克短绒

二道绒经浓硝酸和浓硫酸处理可制得硝化纤维，可以制成梳子、纽扣、乒乓球、火药棉。

二道绒

三道绒经醋酐和硫酸处理后制成醋酸纤维，可以制成人造丝、人造毛，还可用来制造电影胶片、X 光照相底片、无纺布等。

三道绒

4）棉籽壳

我国从 20 世纪 70 年代就开始用棉籽壳做食用菌的培养料，现在广大棉区仍十分普及。棉籽壳还是很多化工品的原料，例如制作的活性炭就可以应用在医药等领域。此外，棉籽壳经酸水解后生成的戊糖中有90%的木糖，用酵母发酵除去其他糖分，浓缩后即得木糖，可用于国防、皮革、医药、塑料等方面。

可用于

医药行业

国防方面

皮革制品

塑料制品

木糖

棉籽壳

活性炭

可用于

5）棉粕

棉粕是制作饲料的主要原料，它含有的粗蛋白可达 40% 以上。

40%↑
粗蛋白含量

棉粕

饲料

二

其 他
Other Uses

❶ 絮棉

　　用于做棉被、棉衣的棉花叫絮棉，因其保暖性和柔软舒适度好，吸湿与保湿性强，天然不易孳生细菌，对有心血管疾病的人群和婴幼儿很好，是其他纤维被无法代替的。

絮棉

棉被

❷ 棉秆

　　棉秆含纤维素60%左右，木质素22%，化学成分与木材类似，在棉区一般作烧柴用，实际上有多种用途，例如可用作造纸原料。

造纸

3 棉花蜜腺

棉花的开花期较长，约两个月，棉花的花蕾内外和叶片背面都长有能分泌蜜汁的蜜腺。目前，棉田放蜂采蜜还不普遍，主要是由于棉田使用化学农药过于频繁，极易误伤蜜蜂，而蜜蜂也不喜欢到喷过农药的棉田去采蜜。

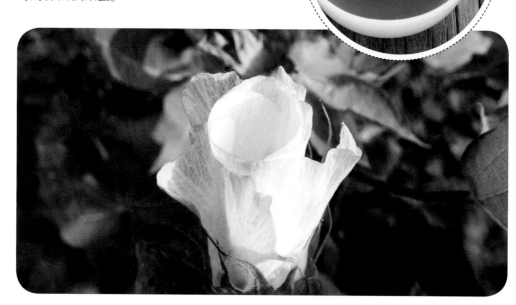

4 棉根

棉根入药在古代医书中早有报道。棉根皮的主要药效成分除棉酚以外，还有天门冬酰胺、水杨酸、酸性树脂和黄酮苷。这些成分具有止咳、祛痰的显著疗效，并兼有平喘和抑制流感病毒的作用。

棉花根

⑤ 手工艺品

　　棉花可以制作各种手工艺品，用来美化生活和装点家居装饰，只要经过简单加工和烘干处理，就可以制作样式丰富的插花和完成各种创意。

棉花储运
Storaging and Transporting of Cotton

棉花仓储

Storaging of Cotton

中央储备棉管理

Cotton Reserves Management

棉花运输

Transporting of Cotton

棉花仓储
Storaging of Cotton

1 棉花仓储定义

　　中国棉花仓储主要分为三大类：加工厂仓储、中转仓储、棉花专业仓储。中国储备棉管理有限公司所辖中央直属棉花储备库，是专门从事棉花仓储的国有棉库。

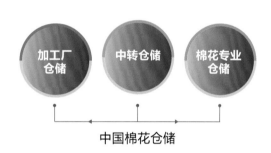

中国棉花仓储

　　中储棉公司所辖 25 家直属企业，其中包括仓储类企业 19 家、非仓储类企业 3 家、基建企业 3 家，分布于全国各主要棉花产销区，初步形成了布局合理、设施先进、管理规范的棉花仓储体系。

其中包括仓储类企业 19 家、非仓储类企业 3 家、基建企业 3 家

中储棉公司各直属库库容库貌

2 棉花储存特性和储藏条件

棉花储存库要求交通便利、防火、通风、防潮、防霉变等，特别是防火，棉花储备库都是重点防火单位。

根据不同的气候条件，仓库棉花存放分为露天棉垛和仓库内棉垛两种：内地仓库多属于砖石或钢板结构，棉花按照批次要求码放于库内；新疆气候干燥、雨水较少，棉花存放多为露天码放。

露天棉垛

室内棉垛

二

中央储备棉管理
Cotton Reserves Management

2003 年　　　为进一步深化棉花流通体制改革、完善棉花宏观调控体系，根据《国务院关于组建中国储备棉管理总公司有关问题的批复》（国函〔2002〕36 号）精神，2003 年 3 月，在华棉储备管理中心基础上组建了中国储备棉管理总公司。中储棉公司受国务院委托，具体负责国家储备棉的经营管理。

2016 年　　　在国家宏观调控和监督管理下，中储棉公司依法开展业务活动，实行自主经营、统一核算、自负盈亏。2016 年 11 月，经国务院批准，中储棉公司整体并入中储粮集团公司，成为其子公司。

2016—2018 年　　　在中央提出推进农业供给侧结构性改革的形势下，中储粮集团公司统筹谋划、多措并举做好去库存工作，2016—2018 年累计去库存量超过棉花年产量的 1.5 倍，国内外棉花年度价差保持在 890 元 / 吨至 1 355 元 / 吨范围内，明显低于 1 500 元 / 吨这一纺织企业国际竞争压力承受临界线。

得益于此，我国纺织企业原料采购成本大幅下降，市场竞争力明显提高。据统计，2016 年四季度全国纺织企业开机率提升至 77.2%，2017 年开机率提升至 79% 以上，2018 年上半年开机率进一步提升至 80% 以上。

2016 年	77.2%
2017 年	79% 以上
2018 年	80% 以上

① 储备棉业务管理

轮入成交　公证检验　　　结算入储　在库保管　轮出公检　轮出成交　结算出库

不合格　合格

退回

（1）储备棉入库管理

入库初验　▶　配合公检　▶　库内堆码　▶　数据上传

① 入库初验

1 承储单位接货　**2** 货证同行　**3** 运输车辆需苫盖严密
如未按规定苫盖的需按规定苫盖完好，在库外观察24小时后方可入库卸车

5 入库卸车时，承储单位需安排专人监卸，核对码单、证书等相关材料　**4** 承储单位72小时不间断巡查

6 符合入储要求的填写《卸车情况记录表》/不符合入储要求的棉花不予接收

规范码垛

储备棉专用铁路线

② 配合公证检验（公检）

中国纤维质量监测中心（以下简称'中纤局'），负责储备棉的公证检验。公证检验结果作为交储棉花的质量、重量依据。

③ 货款结算、保证金释放及费用拨付

1 中储棉公司根据《储备棉入库单》及中纤局提供的公证检验数据生成《储备棉入库结算单》 — **2** 中国棉花网发布

释放保证金 **5** — 验票无误后，向卖方支付货款 **4** — 卖方开具增值税专用发票 **3**

（2）储备棉出库管理

配合公证检验 ▶ 打捆、竞卖及货款结算 ▶ 组织出库

① 配合公证检验（公检）

中储棉公司申报公证检验 —— 合理安排场地 —— 承检机构现场检验 ——

公证检验证书作为竞卖及货款结算的质量、重量依据。

⇒ **出库检验程序如下：**

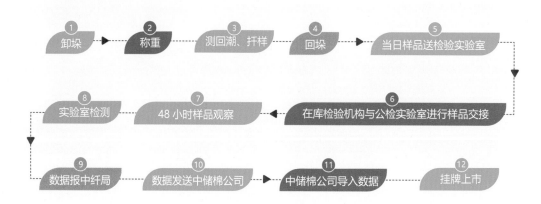

1 卸垛 ▶ 2 称重 — 3 测回潮、扦样 — 4 回垛 ▶ 5 当日样品送检验实验室

8 实验室检测 — 7 48 小时样品观察 ◀ 6 在库检验机构与公检实验室进行样品交接

9 数据报中纤局 — 10 数据发送中储棉公司 ▶ 11 中储棉公司导入数据 — 12 挂牌上市

⇒ 进口棉实行 10% 抽样公检，抽样检验程序如下：

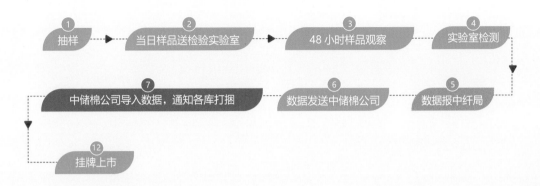

① 抽样 → ② 当日样品送检验实验室 → ③ 48 小时样品观察 → ④ 实验室检测

⑦ 中储棉公司导入数据，通知各库打捆 ← ⑥ 数据发送中储棉公司 ← ⑤ 数据报中纤局

⑫ 挂牌上市

② 打捆、竞卖及货款结算

① 中储棉公司根据国家调控计划、公检进度和承储单位作业能力编制储备棉挂牌计划

② 通过全国棉花交易市场公开竞价销售

④ 买方与中储棉公司签订合同、付款

③ 竞卖成交后，交易市场生成《国家储备棉购销合同》并盖章见证

⑤ 中储棉公司向买方开具增值税专用发票

⑥ 中储棉公司根据实际成交数量，向交易市场支付交易手续费

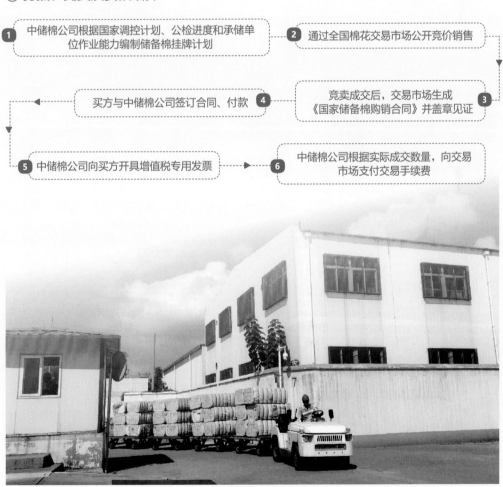

小火车作业

③ 组织出库

1 买方凭《储备棉出库单》到承储单位办理提货 ▸ 2 承储单位应根据《储备棉出库单》开具时间顺序及时与买方衔接，预约出库时间

5 确认无误后，组织出库 ◂ 4 承储单位核对资料 ◂ 3 买方在预约期限内提货

6 交易市场释放履约保证金

储备棉过磅

夹包机装卸出库

整装待发

2 储备棉安全管理

为进一步加强作业现场安全管理，中储棉公司全面推进和落实安全生产责任制，坚持管业务必须管安全、管生产必须管安全，切实做到一岗双责。进一步明确监管范围、监管内容、监管要求和监管责任，促进作业现场的规范有序，把安全管理工作真正落到实处。

中储棉公司定期举办直属企业消防技能竞赛，综合考验参赛队员在安全生产、消防安全岗位上的实操技能和团队协作能力，继续提升全系统提升应急处置能力和安全管理水平，积极稳妥推进安全生产全员责任制建设，确保中央储备棉储存安全。

中储棉公司举办企地联合消防演练和消防技能竞赛

作业现场安全管理

作业前对作业进行风险辨识，作业人员按要求佩戴个人防护用品，监督检查和处置作业安全隐患，并在作业现场结束后进行清库工作。

入库车辆安装防火罩

防火罩

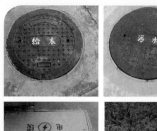

醒目的设施图标

风向标

消防器材库

设备器材库

现场监管

3 中央储备棉在库养护管理

（1）保管原则

中央储备棉在库保管养护要和安全保管工作结合，做到全方位、全过程。全方位、全过程是指自储备棉入库至出库，在防火、防汛、防雷、防盗、防霉变、防虫蛀鼠咬、防污染等各方面的工作。

中央储备棉应集中存放，不得存放在未经批准的库房、库区。未存满储备棉的库房不得与其他物品混存。

中央储备棉未经批准不得露天存放。经中储棉公司批准临时露天存放的储备棉应严格按有关要求执行。

库区应设立气象观测百叶箱。每栋库房内均需配备温湿度计或温湿度感应设备。

库房窗户玻璃应做好避光处理，防止阳光直射入库。库门四周密闭处理。

承储单位应按照储备棉管理的相关规定和"四无"要求（无虫蛀鼠咬；无霉烂变质；无火灾盗窃；无差错事故）因地制宜地采取各种有效措施，加强库房的防火、防汛、防雷电、防虫蛀鼠咬、防霉变、防盗工作。

建立恶劣天气重点监控制度。雨季期间，应密切关注当地防汛部门的防汛警报。出现暴风雨、洪水等情况，及时启动应急预案，确保人员、财产安全。

承储单位应根据当地气候制订查库实施方案。

动态管理期间

要不间断巡逻，作业结束后一周（含节假日）内做到每天查库2次。

静态管理期间

每周查库不得少于2次；异常天气要增加查库次数。如实填写《日常养护查库记录表》，定期整理、装订成册。

建立"日常检查、周抽查、月详查"的考核方法，建立完整的检查记录。除保管员日常检查外，每周由库领导或部门负责人带队抽查，月末组织力量全面检查，彻底消除安全隐患。

（2）养护原则

　　库内码垛、搬倒、出库等作业结束后，及时清扫作业现场并对库房及其周围作彻底检查，排除异常情况；及时与安全科做好衔接工作，作业面应不少于 72 小时巡查。

　　单栋库房入库完毕后，立即组织人员清理，保证棉垛间、棉包间无散花、杂物。

　　露天货场的储备棉，必须每天检查 2 次。严禁苫盖不严、捆绑不牢。同时要保证货场整洁无散花、杂物。

　　定期检查库房。发现库房房顶漏雨，窗户玻璃破损立即修缮。定期组织人员清扫库房和棉包，防止棉包灰尘污染，保持地面洁净，做到无鸟粪、无鼠屎、无蛛网。定期检查棉包，发现虫蛀鼠咬现象要及时报告，并立即采取措施予以解决。发现棉包霉变应立即查找原因并上报储备部处理。

库房内最高温度不得超过 35°C，相对湿度不得超过 70%。根据天气的变化和库内外温度、湿度的差异，适时采取通风散湿或关闭仓库门窗等措施。

查库时，须密切关注库内异味。如发现异常，立即组织力量进行排查，找出异味来源，消除安全隐患。

根据天气情况定期上垛检查。雨季须加强检查，查看库房、门窗有无渗漏现象。

定期组织人员清理库房周围绿化带的杂草、杂物，消除安全隐患。

三

棉花运输
Transporting of Cotton

　　棉花运输有三种方式：公路运输、铁路运输、水
路运输。长距离、大运输量的棉花运输，一般采用铁
路运输方式；在沿海地区，也可采用货船运输方式。
相对而言，公路运输距离较近且运输量小，所以在省
内或邻省之间往往采用公路方式运输。

公路运输

铁路运输

水路运输

  目前，新疆维吾尔自治区出疆棉多采用铁路和公路运输相结合的方式，内地公路运输居多，外棉进口全部采用海运。

棉花流通
Cotton Circulation

1 棉花流通体制的历史沿革

棉花价格体制经历了自由贸易、统购统销、合同定购以及当前在宏观调控协调下的主要靠市场调节的流通体制四个阶段。

自由贸易阶段
1949—1954 年

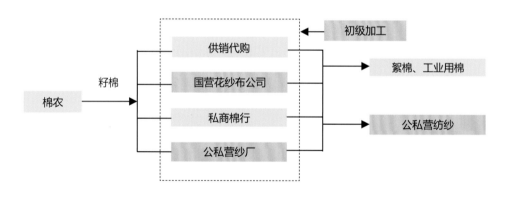

新中国成立初期，为了尽快恢复和发展棉花生产，中央政府确立了棉花实行公司企业"联购"经营的"自由贸易"式流通体制，允许私营资本主义工商业参与棉花经营；鼓励农民将棉花卖给国家，国家征购棉花实行预购、换购、包收、信托存实、订货单政策等；根据供求形势变化，通过国营商业在市场上收购棉花，并规定了国营商业收购棉花的牌价、系统内部的调拨价和零售价。

统购统销时期

统购统销时期
1954——1984 年

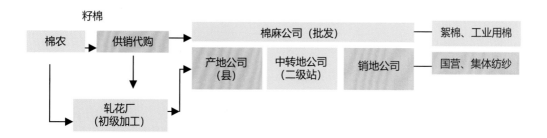

1954 年 9 月，政务院颁布《关于实行棉花计划收购的命令》，开始了长达 30 年之久的棉花统购统销时期。主要做法：一是统购，规定农民按照国家规定的收购价格，除缴纳农业税和必要的自用部分外，全部卖给国家，所有籽棉加工业不得自购籽棉、加工自销；二是统销，国家将所收棉花按照规定的数量、价格有计划地供应给需求部门和企业；三是国家统一制定棉花价格。

合同订购时期
1985——1996 年

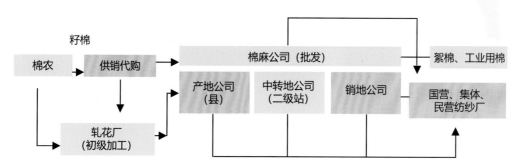

1985年1月，中共中央、国务院发布《关于进一步活跃农村经济的十项政策》，开始我国棉花合同定购时期。这一时期最典型的做法是"三不放开"政策，即不放开经营、不放开市场和不放开价格。国家统一经营棉花，并以粮棉比价为依据，一般按1∶8上下的比例统一制定棉花收购价格，每年的收购价格在棉花播种期间公布，没有地区性与季节性差价。

流通体制改革时期
1998年至今

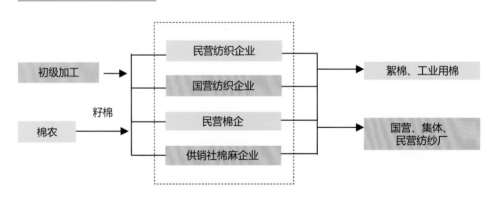

1998年11月，国务院颁布《关于深化棉花流通体制改革的决定》，指出棉花流通体制改革的目标是，逐步建立起在国家宏观调控下，主要依靠市场机制实现棉花资源合理配置的新体制。2001年7月，《国务院关于进一步深化棉花流通体制改革的意见》中又提出了**"一放二分三加强，走产业化经营的路子"**的指导思想，进一步对棉花流通体制实施了实质性、突破性的改革。

一放二分三加强

🌸 一放，就是放开棉花收购，打破垄断经营。

这是棉花流通体制改革的核心，也是鼓励有序竞争、发挥市场调节作用的根本前提。

🌸 二分，就是实行社企分开、储备与经营分开。

实行两个分开，实质上就是深化棉花企业改革，使其真正成为自主经营、自负盈亏、自我发展、自我约束的经济实体。这是棉花流通体制改革的关键。

🌸 三加强，就是加强国家宏观调控、加强棉花市场管理和加强棉花质量监督。

这是放开棉花市场之后，促进供求基本平衡、维护棉花市场秩序、确保棉花质量的重要保障。走产业化经营的路子，就是大力推进棉花产业化经营，鼓励棉纺企业到棉区建立原料生产基地，通过多种形式与棉农建立利益共同体。这是棉花流通体制改革的根本方向和长远目标，也是增加棉花产业经济效益和棉农收入、提高棉花生产和加工现代化水平的有效途径。

2 棉花市场交易主体

随着我国棉花流通体制改革的深入发展，现货市场也迅速发展和逐步完善。当前，棉花市场交易主体包括：棉农、棉花企业（包括政策性中央企业）、国内和国外贸易公司、棉花交易市场、纺织企业以及互联网平台等。新兴的互联网平台以"产业互联网＋综合服务"的形式为涉棉企业提供高效、安全、便捷的交易及综合配套服务。

3 棉花供需状况

自1999年棉花流通体制改革以来，棉花产业得到了快速发展。根据国家棉花市场监测系统数据，2005—2009年，我国棉花种植面积年均达8 314万亩，是新中国成立初期的1.2倍；年均总产量723万吨，是新中国成立初期的7.8倍；年均单产87千克/亩，是新中国成立初期的6.6倍；年均棉花消费量为1 042万吨，是新中国成立初期的11.4倍。

新中国成立初期
2005—2009 年

8 314
万亩

723
万吨

我国棉花种植面积
年均面积

年均总产量

87
千克/亩

1 042
万吨

年均单产

年均棉花消费量

我国是世界重要的棉花生产国和消费国。近十年来，我国棉花种植面积在政策的引导下逐步减少，近几年稳定在4 000万~5 000万亩，棉花产量稳定在500万~600万吨，未来大幅增长的可能性不大，棉花消费量超过800万吨，未来将随着经济和人口的增长而增长。截至目前，我国棉花产量居世界第二位，消费量居世界第一位。

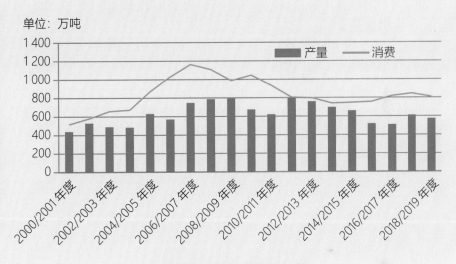

中国棉花产量和消费变化图

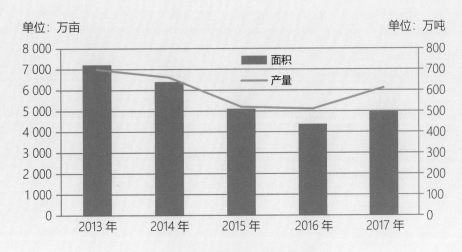

中国棉花面积和产量变化图

单位：万吨

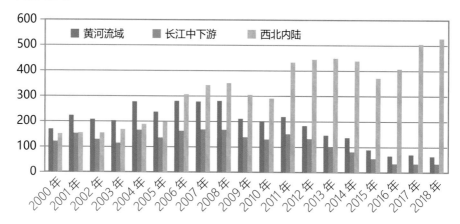

三大棉区产量变化图

2018 年中国植棉成本调查表

单位：元 / 亩

项目	内地		新疆地方				新疆兵团	
	手摘棉	同比	手摘棉	同比	机采棉	同比	机采棉	同比
租地植棉总成本	1 243	29	2 303	14	1 633	33	1 887	27
自有土地植棉总成本	791	20	1 869	-10	1 199	9	1 453	3
土地成本（租地费用）	452	9	434	24	434	24	434	24
生产总成本	486	17	655	-16	655	-16	808	-16
其中：棉种	58	4	59	-6	59	-6	46	-1
地膜	38	3	56	2	56	2	124	23
农药	106	-1	96	-3	96	-3	60	-1
化肥	208	1	251	-13	251	-12	359	-14
水电费	77	10	192	3	192	3	220	-23
人工总成本	163	1	1 010	2	138	7	110	-7
其中：田间管理费	118	0	138	7	138	7	110	-7
灌溉 / 滴灌人工费	45	1	61	3	-	-	-	-
拾花用工费	-	-	810	-9	-	-	-	-
机械作业总成本	70	2	160	7	350	9	421	1
其中：机械拾花费	-	-	-	-	189	1	196	-5
其他成本	72	0	45	-2	56	9	114	25

数据来源：国家棉花市场监测系统。

全球棉花主要生产国和地区包括：印度、中国、美国、巴西、巴基斯坦、西非、土耳其、中亚等；主要棉花消费国包括中国、印度、巴基斯坦、孟加拉国、越南、土耳其和印尼等；主要进口国有孟加拉国、越南、中国、印尼、土耳其、巴基斯坦等；主要出口国家和地区包括美国、巴西、印度、澳大利亚、西非等。

以下 4 个图表数据来源：美国农业部，2018。

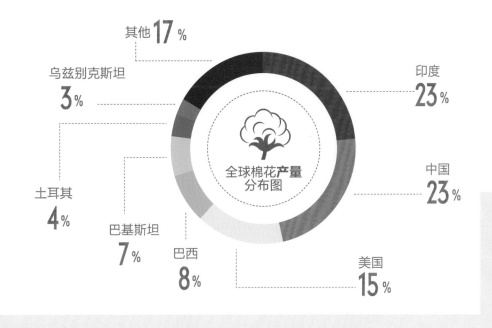

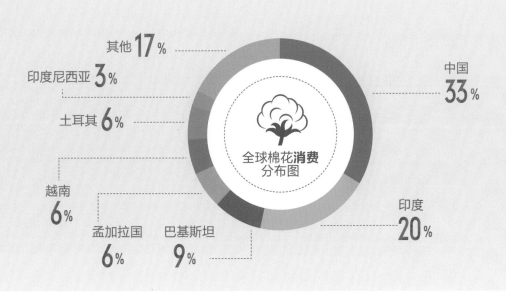

棉花流通

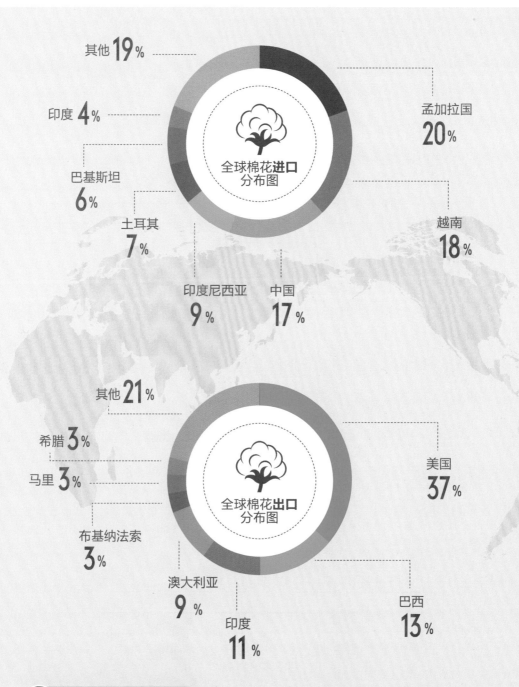

其他 **19**%

印度 **4**%

巴基斯坦 **6**%

土耳其 **7**%

全球棉花**进口**分布图

孟加拉国 **20**%

越南 **18**%

印度尼西亚 **9**%　中国 **17**%

其他 **21**%

希腊 **3**%

马里 **3**%

布基纳法索 **3**%

澳大利亚 **9**%

印度 **11**%

全球棉花**出口**分布图

美国 **37**%

巴西 **13**%

④ 棉花市场价格演变

　　纵观我国棉花价格调整变化的历史，从棉价运行的基本状态看，大致可以分为稳定期（1950—1977 年）、调整期（1978—1988 年）、上涨期（1989—1995 年）、

过渡期（1996—1998 年）和全面开放期（1999 年至今）五个时期。以下图表主要介绍全面开放期以后价格走势。

单位：元／吨

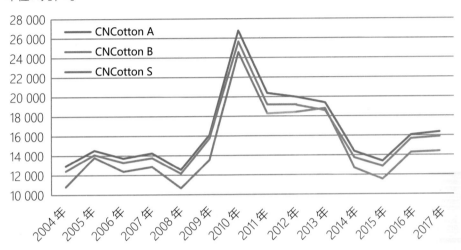

籽棉和皮棉价格变化图
（CNCotton A/B 为皮棉，CNCotton S 为籽棉）

单位：元／吨

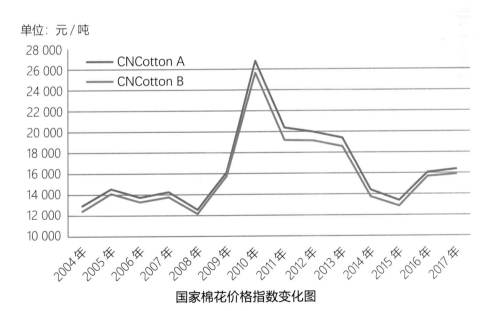

国家棉花价格指数变化图

注：1. CNCotton A 指数代表当日内地 2129B 级皮棉成交均价；

　　2. CNCotton B 指数代表当日内地 3128B 级皮棉成交均价；

　　3. CNCotton S 指数代表全国主产棉省（区）白棉 3 级籽棉折皮棉的平均收购价格，反映当日全国棉花收购价格水平及变化趋势。

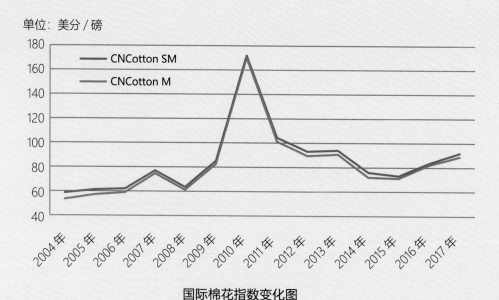

单位：美分／磅

国际棉花指数变化图

注：CNCotton SM 和 CNCotton M 为国际棉花指数，反映国际棉花现货市场价格变化，分别采集的是国际棉商每日在中国主要港口 SM 1-1/8″ 和 M 1-3/32″ 等级棉花的报价平均值。

5 棉花进出口贸易

（1）总体状况与特点

全球棉花主要消费地区是亚洲和美洲，棉花进口也集中在亚洲地区。棉花是全球重要的大宗农产品，截至 2017/2018 年度，全球棉花主要进口国包括孟加拉国、越南、中国、印度尼西亚、土耳其和巴基斯坦，进口量占全球的 75%。全球棉花主要出口国包括美国、巴西、印度、澳大利亚、布基纳法索和马里，出口量占全球的 78%，美国占全球棉花出口的 40% 左右。

随着国内纺织业的蓬勃发展，中国加入世贸组织之后，棉花进口量大幅增加，由十几万吨增加到几百万吨，多年保持全球棉花进口量最大的国家，国内棉花产不足需，每年缺口在

200 多万吨，未来国内棉花增产潜力有限，需求相对稳定，供需缺口需要通过进口来补充。主要进口来源包括美国、印度、澳大利亚、巴西、西非、中亚等。

（2）我国采购外棉的渠道

企业采购进口棉的渠道主要有以下几种：一是从外商处直接购买；二是从代理公司购买；三是从国内棉花贸易公司购买；四是政府渠道（国家储备）购买；五是其他渠道购买。

（3）国产棉与进口棉对照

纤维长度对照	等级对照
● 1~7/16 in ≈ 36.5mm	● GM ≈ 1 级
● 1~13/32 in ≈ 35.7mm	● SM ≈ 2 级
● 1~3/8 in ≈ 34.9mm	● M ≈ 3 级
● 1~5/32 in ≈ 29.4mm	● SLM ≈ 4 级
● 1~1/8 in ≈ 28.6mm	● LM ≈ 5 级
● 1~3/32 in ≈ 27.8mm	● SGO ≈ 6 级
● 1~1/16 in ≈ 27.0mm	● GO ≈ 7 级
● 1~1/32 in ≈ 26.2mm	

6 棉花属性演变

中国作为棉花消费大国，长期以来产不足需，依赖进口，但国际资源配置与生产需求有时间差；作为农产品，棉花又存在季节性、区域性生产和常年使用的矛盾。随着棉花期货上市，棉花金融属性得到增强。

2004年6月1日，棉花期货品种在郑州商品交易所挂牌交易。这是自1994年期货市场治理整顿以来首个上市新品种。棉花期货上市，其发现价格的特性有利于提高宏观调控的有效性，在保护棉农利益，切实增加农民收入，促进种植结构调整，稳定棉花种植面积等积极作用逐步显现。越来越多的涉棉企业利用期货市场套期保值，规避了市场风险，提高了企业效益。同时，棉花期货在规范市场秩序，提高我国棉花整体质量，促使加工企业提高质量标准化意识，改进加工工艺方面发挥了积极作用。

郑州棉花期货基本情况介绍

交易单位	5 吨 / 手（公定重量）
报价单位	元（人民币）/ 吨
最小变动价位	5 元 / 吨
涨跌停板幅度	不超过上一交易日结算价 ±5%
合约交割月份	1、3、5、7、9、11 月
交易时间	星期一至星期五（北京时间 法定节假日除外） 上午：9:00—11:30　10:30—11:30　下午：13:30—15:00 连续交易时间：21:00—23:30
最后交易日	合约交割月份的第 10 个交易日
最后交割日	合约交割月份的第 12 个交易日
交割品级（基准交割品）	基准交割品：符合《棉花 第一部分：锯齿加工细绒棉》（GB 1103.1-2012）规定的 3128B 级，且长度整齐度为 U3 档，断裂比强度为 S3 档，轧工质量为 P2 档的国产棉花。替代品详见交易所交割细则。替代品升贴水见交易所公告。
交割地点	交易所指定棉花交割仓库
最低交易保证金	合约价值的 7%
交割方式	实物交割
交易代码	CF
上市交易所	郑州商品交易所
上市日期	2004 年 06 月 01 日

经过十多年的发展，郑州棉花期货价格已经和美国 ICE（原纽约商品交易所）棉花期货共同成为影响全球棉花市场的重要价格指标，对进一步提高我国棉花的国际市场地位发挥了重要作用。但是，和世界其他相对成熟的市场相比，我国的棉花期货市场还处于初创阶段。

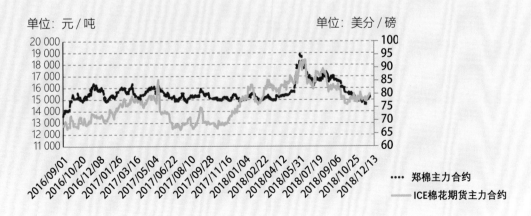

棉花政策
Cotton Policy

棉花流通体制改革

Reform of Cotton Circulation System

国家棉花储备政策

National Cotton Reserves Policy

新疆棉花目标价格补贴政策

Subsidy Policy of Target Price for Xinjiang Cotton

棉花进出口政策

Cotton Import and Export Policy

棉花保护区政策

Inland Protection Zone

其他主要国家涉棉政策

Cotton Policy in Other Countries

棉花流通体制改革
Reform of Cotton Circulation System

1998年11月，国务院发布《关于深化棉花流通体制改革的决定》，从1999年棉花年度开始进一步改革棉花流通体制。棉花流通体制改革的目标是，逐步建立起在国家宏观调控下，主要依靠市场机制实现棉花资源合理配置的新体制。根据这一指导思想，一是建立政府指导下市场形成棉花价格的机制；二是拓宽棉花经营渠道，减少流通环节；三是完善储备棉管理体制，实行储备与经营分开；四是推行公证检验制度，加强对棉花质量的监督管理；五是培育棉花交易市场，促进棉花有序流通；六是分清职责，做好棉花收购资金的供应和管理工作；七是加强棉花进出口管理，确保有效的宏观调控；八是调整优化棉花生产布局，努力提高棉花单产；九是规范棉花企业与供销社的关系，深化棉花企业改革；十是统一认识，加强领导，确保棉花流通体制改革顺利进行。

2001年7月，国务院发布《关于进一步深化棉花流通体制改革的意见》，打破经营垄断，鼓励公平竞争，规范市场秩序，提高调控效率，建立适应社会主义市场经济要求的棉花企业经营机制和管理体制，促进棉花生产和纺织工业健康发展。《意见》指出，一是放开棉花收购，鼓励公平有序竞争；二是实行社企分开，加大供销社棉花企业改革力度；三是实行棉花储备与经营分开，确保储备棉优质安全、经济合理；四是加强和改进对棉花市场的宏观调控；五是加强棉花市场管理和质量监督；六是改进棉花信贷资金管理；七是大力推进棉花产业化经营。

国家棉花储备政策
National Cotton Reserves Policy

　　据 1998 年国务院《关于深化棉花流通体制改革的决定》，建立政府指导下市场形成棉花价格的机制，国家主要通过储备调节和进出口调节等经济手段调控棉花市场，防止棉花价格大起大落。完善储备棉管理体制，实行储备与经营分开，为确保国家对棉花市场的有效调控，必须强化国家对储备棉的管理，使之储得进、调得动、用得上，并能出陈储新，定期轮换。国家根据宏观调控需要和中央财政承受能力确定国家储备棉规模。国家储备棉棉权属国务院，任何单位和个人都不得擅自动用。省级政府根据本省（自治区、直辖市）棉花供求平衡形势，自行确定是否建立地方储备，储备数量报国家计委备案，所需费用、利息等由同级财政支付，参照国家储备棉管理办法进行管理。

　　据 2001 年国务院《关于进一步深化棉花流通体制改革的意见》，实行棉花储备与经营分开，确保储备棉优质安全、经济合理。组建国家储备棉管理公司，实现储备与经营彻底分开。国家储备棉管理公司是具有独立法人资格的国有企业，实行独立运营、垂直管理，负责管理国家直属棉花储备库。国家储备棉管理公司由中央管理。国家计委对国家储备棉管理公司实行业务指导。有关部门要完善储备棉管理办法，形成储优储新、适时轮换机制，确保储备棉的质量和安全。储备棉的出入库继续实行强制性公证检验。加强和改进对棉花市场的宏观调控。兼顾棉农和纺织企业的利益，综合运用进出口及储备等宏观调控手段，调节棉花供求关系和价格水平，稳定国内棉花市场。

2016 年 4 月，国家发展改革委、财政部发布《关于国家储备棉轮换有关安排的公告》，指出国家储备棉消化主要按照"不对称轮换、先轮出后轮入、多轮出少轮入"的方式进行操作。一是有利于促进产业持续健康发展；二是有利于引导市场平稳运行；三是有利于减轻财政负担；四是有利于完善棉花储备调控机制。

储备棉轮出有关安排

（一）轮出方式。储备棉轮出原则上通过全国棉花交易市场以公开竞价的方式挂牌销售，如有需要国家将增加其他指定的交易平台开展储备棉交易。

（二）轮出时间。原则上每年 3 月至 8 月国家法定工作日均安排储备棉挂牌竞价销售。当年 9 月至下一年 2 月新棉集中上市期间暂停储备棉轮出。

（三）轮出数量。正常情况下每日储备棉挂牌销售数量不超过 5 万吨，具体轮出数量以实际成交为准。如一段时期内国内外市场价格出现明显快速上涨，储备棉竞价销售成交率一周有三日以上超过 70%，将适当加大挂牌销售数量。储存时间长的棉花优先安排轮出。

（四）轮出价格。储备棉轮出销售底价随行就市动态确定，原则上挂牌销售底价与国内外棉花现货价格挂钩联动，由国内市场棉花现货价格指数和国际市场棉花现货价格指数各按 50% 的权重计算确定，每周调整一次。

储备棉轮入有关安排

据 2016 年国家发展改革委、财政部发布《关于国家储备棉轮换有关安排的公告》，为优化储备棉库存品质结构，在储备棉轮出后少量轮入高品质棉花。轮入时间，集中安排在新棉上市期间（当年 9 月至下一年 2 月）。轮入数量，主要根据上一年度储备棉实际轮出情况和当年度棉花市场供需状况确定，原则上最多不超过上年度实际轮出数量的 30%。如新棉上市后市场供应偏紧，将不安排储备棉轮入。轮入价格，随行就市。

2019 年 11 月，国家粮食和物资储备局、财政部发布公告，为加强中央储备棉管理，进一步优化储备结构、提高储备质量，决定轮入部分新疆棉。

（一）轮入时间。2019 年 12 月 2 日至 2020 年 3 月 31 日的国家法定工作日。

（二）数量安排。总量 50 万吨左右，每日挂牌竞买 7 000 吨左右。

（三）轮入方式。轮入工作由中国储备粮管理集团有限公司（以下简称"中储粮集团公司"）具体实施，通过全国棉花交易市场公开竞价交易。

（四）轮入价格。轮入竞买最高限价（到库价格）随行就市动态确定，原则上与国内棉花现货价格挂钩联动并上浮一定比例，每周调整一次。轮入期间，当内外棉价差连续 3 个工作日超过 800 元 / 吨时，暂停交易；当内外棉价差回落到 800 元 / 吨以内时，重新启动交易。

新疆棉花目标价格补贴政策
Subsidy Policy of Target Price for Xinjiang Cotton

自 2014 年起,我国对新疆棉花实行了目标价格补贴政策试点工作。目标价格政策是在市场形成农产品价格的基础上,通过差价补贴保护生产者利益的一项农业支持政策。当市场价格低于目标价格时,国家根据目标价格与市场价格的差价、种植面积、产量和销售量等因素,对试点地区生产者给予补贴;当市场价格高于目标价格时,国家不发放补贴。目标价格按照生产成本加基本收益确定。

近年新疆棉花目标价格标准

单位: 元 / 吨

年份	2014 年	2015 年	2016 年	2017—2019 年	2020—2022 年
目标价格	19 800	19 100	18 600	18 600	18 600

四

棉花进出口政策
Cotton Import and Export Policy

　　据1998年国务院《关于深化棉花流通体制改革的决定》，棉花经营放开后，棉花进出口继续由国家统一安排，由国家核准的企业经营。加工贸易进口的棉花纳入国家配额管理。国家采取措施适当扩大棉花出口，鼓励纺织企业使用国产棉生产出口产品。国家主要通过储备调节和进出口调节等经济手段调控棉花市场，防止棉花价格的大起大落。

　　据2001年国务院《关于进一步深化棉花流通体制改革的意见》，要兼顾棉农和纺织企业的利益，综合运用进出口及储备等宏观调控手段，调节棉花供求关系和价格水平，稳定国内棉花市场。为适应加入世界贸易组织的需要，有效利用国内外棉花资源，要加快改革棉花进出口体制，建立和完善棉花进出口贸易管理制度及关税配额管理制度。逐步赋予具备条件的纺织企业、棉花经营企业、外贸流通企业等各类企业棉花进出口经营权。

棉花进口关税配额

　　国家为保护棉农利益，对棉花进口实行配额制度。国内棉花进口实施配额管理制度，进口配额分两种：关税配额和关税外配额。进口棉配额免费发放给企业，每个企业获得分配的数量同企业规模和每年的棉花进口数量有一定的关系。

关税配额

　　进口关税率为1%，在每年公历年度的年初发放（即元旦后发放），配额的有效期最多可延长至下一年的2月底。

关税外配额

　　实施的是滑准税制度，根据财政部公布的2012年滑准税公式，使用滑准税配额的棉花进口税率略高于1%，进口棉价格在100美分以下的适用4%~40%的滑准税税率，进口棉价格越低，滑准税税率越高。滑准税发放的数量根据市场情况而定，滑准税配额的有效使用期限是当年的年底，过期作废。

棉花保护区政策
Inland Protection Zone

2017 年 4 月,国务院下发《关于粮食生产功能区和重要农产品生产保护区的指导意见》,以坚持底线思维、科学划定,坚持统筹兼顾、持续发展,坚持政策引导、农民参与,坚持完善机制、建管并重为基本原则,力争用 3 年时间完成 10.58 亿亩粮食生产功能区、重要农产品生产保护区"两区"地块的划定,其中棉花部分指出,以新疆为重点,黄河流域、长江流域主产区为补充,划定棉花生产保护区 3 500 万亩。以科学确定划定标准、自上而下分解任务、以县为基础精准落地、审核和汇总划定成果的方式科学合理划定"两区"。通过强化综合生产能力建设、发展适度规模经营、提高农业社会化服务水平大力推进"两区"建设。采取依法保护"两区"、落实管护责任、加强动态监测和信息共享、强化监督考核方式切实强化"两区"监管。并在增加基础设施建设投入、完善财政支持政策、创新金融支持政策方面加大对"两区"的政策支持。

"两区"划定分省任务表(棉花部分)

单位:万亩

省份	河北	安徽	山东	湖北	湖南	新疆	新疆兵团
重要农产品生产保护区(棉花)	300	100	400	200	100	1 800	600

六

其他主要国家涉棉政策
Cotton Policy in Other Countries

　　世界棉花主产国基于棉花产业弱质性特征，在各国基本国情不同的基础上，先后制定了一定的保护和补贴政策，来促进本国棉花产业的发展，虽然各国在农业、工业支持政策，市场调控政策以及贸易管控政策上都有所差异，但却有异曲同工之效。棉花扶持政策包括农业支持政策、工业支持政策、市场调控政策、贸易管控政策。

WTO《农产品协定》中对农业补贴政策的描述

　　农业补贴是在 WTO 农业协议框架内，主要成员国对其国内农业生产及农产品的综合支持而制定一系列补贴政策及法律，目的在于提升本国农产品的市场价格优势，拓宽农产品国际市场，推动农业结构合理优化，保护和促进本国农业生产稳步可持续发展。

"绿箱"政策

"绿箱"政策是用来描述在回合农业协议下不需要作出减让承诺的国内支持政策的术语，是指政府通过服务计划，提供没有或仅有最微小的贸易扭曲作用的农业支持补贴。绿箱政策是 WTO 成员国对农业实施支持与保护的重要措施。

各国（地区）采取措施支持农业生产，既有其必要性，但又是造成国际农产品贸易不公平竞争的主要原因之一。乌拉圭回合农产品贸易谈判就如何区分"贸易扭曲性生产措施"和"非贸易扭曲性生产措施"进行了艰苦而又细致的讨论，最终将不同的国内支持措施分为两类，一类是不引起贸易扭曲的政策，称"绿色"政策或称"绿箱"政策，可免予减让承诺。另一类是产生贸易扭曲的政策，叫"黄色"政策（Amber Policies），协议要求各方用综合支持量（Aggregate Measurement of Support，简称 AMS）来计算其措施的货币价值，并以此为尺度，逐步予以削减。

"黄箱"政策

根据《农业协议》将那些对生产和贸易产生扭曲作用的政策称为"黄箱"政策措施，要求成员方必须进行削减。"黄箱"政策措施主要包括：价格补贴，营销贷款，面积补贴，牲畜数量补贴，种子、肥料、灌溉等投入补贴，部分有补贴的贷款项目。

《农业协议》要求各成员方要用综合支持量来衡量国内对农业支持水平。综合支持量是指"给基本农产品生产者生产某项特定农产品提供的，或者给全体农产品生产者生产非特定农产品提供的年度支持的货币价值"。

印度政府非常重视棉花产业的发展，于 2002 年成立印度棉花公司，由其代表国家向棉农、加工厂、棉商和纺织企业在棉花种植、收获、加工以及市场运作方面提供帮助。

农业支持政策

信贷方面，即提供利息补贴降低棉花种植者的生产成本；补贴方面，即印度政府制定"促进棉花发展计划"，通过印度棉花公司对种子、农药、化肥等农资和其他生产投入、种植机械设备给予补贴；税收方面，为减轻农户的资金压力，提高其收益，印度政府对棉花等相关农业种植者提供税收减免福利；技术方面，印度棉花技术委员会向棉花种植者提供优良品种、防治病虫害、科学技术指导等服务。

工业支持政策

基金方面，2010 年印度政府制定实施国家纤维政策，计划在未来十年里花费 40 亿美元为纺织企业提供现金、利息补贴和增值税退税等优惠，以实现纺织企业的现代化；补贴方面，20 世纪 80 年代印度就对化肥、灌溉以及电力进行支持，其中化肥的支持水平最高；政府积极支持，即技术推广与科研开发、基础设施建设的支持、农业合作社的支持。

市场调控政策

最低保护价。印度政府每个棉花年度制定两个基础性棉花品种的最低保护价［J-34（拉贾斯坦邦）和 H-4］，其他品种的最低保护价由印度纺织委员办公室根据与这两个基础性品种的质量和市场差异来制定。当任意品种的籽棉市场价格低于

最低支持价格时，印度棉花公司（CCI）以最低支持价格进行无限量收购。对于不符合平均质量等级的籽棉，公司允许收购，收购价视实际质量而定。当市场价格高于最低价格时，CCI更多是发挥商业运行的作用，将库存的棉花供应给国内棉纺织企业，以弥补CCI每年提供基础设施维护花费的成本。

贸易管控政策

进出口税收管控。随着印度棉花产量的不断增加，为鼓励棉花出口，印度自2001年起允许并鼓励棉花出口，不收取关税，并给予棉花出口商1%的出口退税补贴，同年7月对棉花进口征收10%的关税。近些年，其棉花进出口政策反复调整，给国际市场带来较大冲击。

2. 美国

多年以来，美国形成了一套完备的棉花管理体制，政府主要通过立法和制定相关政策，保证市场发挥主导作用。《农业法案》是美国最重要的农业立法法案，其中有关棉花的补贴政策对棉花市场运行产生重要影响。

农业支持政策

信贷方面，即市场营销贷款计划，为确保棉花种植者在市场价格较低时可获得基本收入，以稳定本国棉花生产；补贴保险，即叠加收入保护计划（简称STAX），当棉花种植者的损失没有达到一般作物保险承保标准而无法获得赔偿时，购买

此保险计划可获得一定赔付保障；棉花作物保险政策（APH），当干旱、冰雹、风霜、病虫害等自然灾害对棉花种植者造成利益损失时，联邦政府将对其提供保险保障。

贸易管控政策

棉花出口信用保障计划。当棉花贸易商向银行申请贸易融资贷款时，由美国农业部向银行提供贷款偿还保证。当棉花贸易商进行出口贸易时，美国农业部将为其向银行提供出口信用保障，保证金额为出口货物金额的98%，且贸易商只需向政府支付上限为1%的手续费。

3. 巴基斯坦

农业支持政策

税收方面，运用税收优惠等政策扶持棉花及纺织服装业；技术支持，政府对棉花生产、流通制定一系列支持补贴政策；政府制定"发展棉花计划"，发展灌溉体系、提供良种、提高抗病毒害能力、栽培管理水平服务等。

市场调控政策

保护价指定专门的部门根据籽棉的价格从轧花厂收购皮棉。当国内价格产生波动时，国有巴基斯坦贸易公司（TCP）按照国家最低保护价格参与棉花收购，对市场进行支持，以稳定国内籽棉价格。

贸易管控政策

进口方面，管控巴基斯坦对棉花生产、收购、进出口不加限制，棉花进出口不征关税。2001 年，巴基斯坦实行棉花出口委托登记制度，2002 年，又对进口棉花实行零关税。

---
4. 巴西

巴西政府对棉花的补贴力度相对薄弱。补贴政策主要是针对棉农的最低保护价政策、针对中间商的价格支持政策、出口补贴政策以及相关其他信贷、技术支持。

农业支持政策

信贷方面，巴西政府为棉花生产者制定低利率信贷政策，鼓励棉花种植并保障种植者基本收入；补贴方面，巴西棉花价格支持政策包括产品售出计划和期权合约补贴，政府通过提供"差价"补贴方式支持棉花生产；税收方面，巴西政府还对耕地利用率高的农场实行棉花低税、免税政策，投资改善农村交通运输和基础设施条件；技术方面，巴西重视技术的开发与研究，努力推进科技在农业中的应用，设立专门的科研机构，并且提供专项资金，支持和鼓励技术产品开发。

市场调控政策

保护价政府为确保棉花种植者的收益，每个棉花年度将依据市场价格和种植成本制定棉花最低保护价。当市场价格低于最低保护价时，棉农可将棉花在政府规定的交易时间和市场里拍卖，拍卖价格以市场价格为基准，所以成交价格一般会低于最低保护价，政府对差额给予补贴。

贸易管控政策

鼓励出口计划，巴西政府为出口棉花提供贴息和出口担保，实施产品售空计划和期权合约补贴，加工企业和批发商异地收购棉花时，政府向其支付两地差价补贴，同时，如果棉花生产者在棉花实际价格低于期权价格时出售棉花，政府向棉农支付差价补贴；建立出口联营集团，政府针对现实存在的大宗农产品出口被少数大公司垄断的情况，为保护小农业生产者利益建立了中小企业"出口联营集团"；棉花低税政策，对于土地利用率在90%以上，占地25公顷以下，居住在农村的农场主还可免除农业土地税；设立地方开发银行和特别基金，利用财政政策鼓励私人向落后地区投资。

5. 乌兹别克斯坦

乌兹别克斯坦对棉花产、购、销实行计划经济管理体制，由国家制定品种分区域种植、规模生产、指定收购加工和检验，再统一调拨分配，按照政府指导价开展进出口贸易。

农业支持政策

不断对棉花育种、生产、生物防治和加工等方面投入大量的资金，选育出优质棉花新品种，投入巨资对棉田进行土壤改良，增建灌溉渠网。从国外引进大型农用拖拉机、播种机、生产资料和栽培技术等，着力提高棉花的产量和质量。

贸易管控政策

乌兹别克斯坦的服装被许可进入美国、欧盟等世界主要服装市场，没有配额限制并享受特惠税率（其享受美国最惠国待遇）。在 CIS 自由贸易区内俄罗斯联邦、哈萨克斯坦、亚美尼亚、阿塞拜疆、格鲁吉亚、库尔库斯坦、摩尔多瓦、乌克兰以及塔吉克斯坦免征乌兹别克斯坦的买方进口税。

6. 澳大利亚

澳大利亚棉花生产规模大，机械化程度高，棉花生产以家庭农场的形式进行，土地均为私有。澳大利亚一般的家庭农场均购置有成套、完善的从整地播种到采收的机械，规模较大有实力的农场还购置有采棉机。

澳大利亚政府对棉花生产没有任何补贴，棉花种植、机器采摘、加工、检验、储运等方面均使用现代科学技术。

棉纺织业
Cotton Spinning Industry

棉纺织发展简史

Brief History of Cotton Spinning

世界纺织生产已有几千年的历史，早在公元前 5000 年，人类文明发源地就有了纺织品生产，例如，非洲尼罗河流域的亚麻纺织、我国黄河流域和长江流域的葛纺织和麻纺织以及丝绸纺织、印度河流域的棉纺织等。公元前 500 年我国就有了手摇纺车和脚踏织机。16 世纪以后，欧洲手工纺织机器有了很人改进。18 世纪下半叶，产业革命首先在西欧纺织业界掀起，出现了水力驱动的纺纱机。18 世纪末，纺织厂开始利用蒸汽机作为动力，工业化生产从此取代了家庭手工纺织。

织机

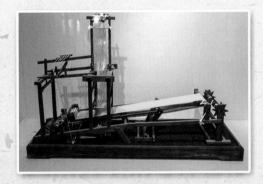

纺车

　　"织机"所使用的动力仍然是人力，当时的纺织业仍然只能称为手工生产阶段，而不能称为机器生产阶段。

织布机

　　我国棉纺织业的发展大致经历了两个阶段：传统手工生产和近现代机器生产。

织布

　　我国古代的棉纺织属于传统手工生产阶段，我国现代的棉纺织业属于以机器为动力的机器生产阶段，而我国的近代棉纺织业，属于这两个阶段的过渡阶段，开启于鸦片战争之后。

　　注：从中国方面讲，近代是指从 1840 年的鸦片战争开始到 1949 年新中国成立这110 年的历史，现代是从 1949 年新中国成立至今。

二

中国纺织业区域分布
Distribution of Textile Industry in China

四川省 **3**%　　陕西省 **1**%　　广东省 **1**%

湖南省 **3**%

安徽省 **4**%

江西省 **4**%

河北省 **4**%

浙江省 **5**%

新疆维吾尔自治区 **5**%

湖北省 **9**%

河南省 **10**%

江苏省 **12**%

福建省 **17**%

山东省 **22**%

2018 年国内纺纱分布主要省份

纺织工业是我国发展最快、在国际上最具影响力的产业。在中国纺织工业高速发展的过程中，形成了众多的纺织产业集群地区，这些集群地区在市场经济资源配置的有利条件下，产业集中度高，产品特色突出，企业数量众多，配套相对完整，规模效益明显，产业与市场良性互动。

中国纺织业最著名的地方：盛泽丝绸已有 3 000 余年历史，早在明清时期盛泽就有织机近万台，历史上曾与杭州、苏州、湖州并称为中国的"四大绸都"。

中国的纺织大省：中国纺织业的快速增长主要体现在一些东部省份，这些东部省份在采购国产棉和进口棉方面都非常具有优势。我国纺织投资由东部向中部转移的趋势逐步加快，金融危机以来，国际市场需求下降，纺织服装企业压力较大，不少企业纷纷通过布局生产基地，加速向中西部转移。在"一带一路"与国际产能合作的背景下，我国纺织行业已步入跨国布局的发展新阶段，呈现出多区域、多行业、多形式加速推进的特点。

丝绸之路经济带

三

棉纺织工艺
Cotton Spinning Technology

 棉纺工艺流程

　　环锭纺是老式纺纱技术，通过机械纺纱；气流纺是新型纺织技术通过气流方式输送纤维。目前，纺纱行业多以环锭纺工艺为主，生产规模也是按拥有多少万纱锭计算。气流纺以台套计算，用棉量按照折合多少万纱锭计算。

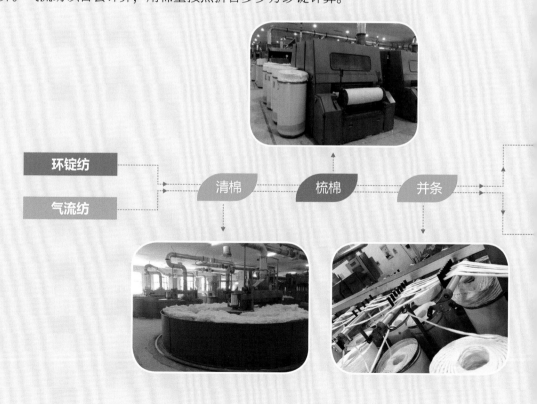

| 环锭纺 |
| 气流纺 |

清棉 　 梳棉 　 并条

环锭纺是机械纺，就是由锭子和钢铃、钢丝圈进行加捻，由罗拉进行牵伸。一般来说，环锭纱毛羽较少，强度较高，品质较好。气流纺是气流纺纱，是由气流方式输送纤维，由一端握持加捻。气流纺工序短，原料短绒较多，纱线毛，支数和拈度不能很高，价格也较低。

从纱体结构上来说，环锭纺比较紧密，而气流纺纱较蓬松、风格粗犷，适合做牛仔面料，气流纺的纱一般较粗，即纱的支数在 10 支以下，随着技术的进步和发展，目前气流纺也能纺出 30 支、40 支甚至更好的中高档纱线。

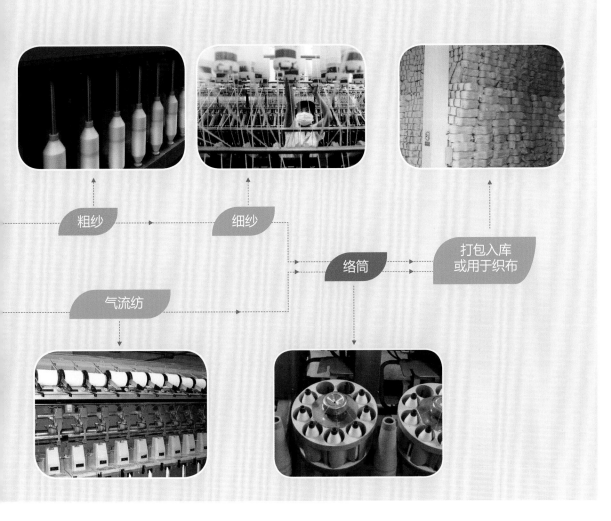

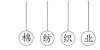

清棉产生的杂质

清棉

清棉是根据棉检配棉要求，把不同的原料，经开松、除杂、混合，制成符合要求的棉卷，供梳棉工序使用。

梳棉现场

梳棉

梳棉是将清棉工序制成的棉卷，经过梳棉机把棉卷中的棉块、棉束分梳成单纤维状态并进一步清除原棉中的细小杂质，再经过锡林道夫对纤维进行均匀混合并制成很薄的棉网，最后经喇叭口集合和大压辊压缩成可供并条机使用的棉条（生条）。

精梳

分梳纤维，改善纤维的伸直平行程度，同时排除纤维中细小杂质和短纤维。提高纤维整齐度，为后道工序提供纱疵少，条干均匀的精梳棉条（如生产的是化纤或普梳品种则无需过此道工序）。

🌸 并条

　　并条是将梳棉机或精梳机纺出的生条，经多道并合、牵伸，达到纤维充分混合，改进棉条结构，提高纤维的伸直与平行，从而保证纺出均匀合格的熟条，供粗纱使用。

🌸 粗纱

　　粗纱是把并条机纺成的熟条，牵伸、加捻使其具有一定的强力，最后将加捻后的纱条卷绕成符合标准的优质粗纱，以便贮存、搬运，提供给细纱机使用。

🌸 细纱

　　细纱是根据生产加工部门的需要和质量标准规定，将粗纱通过细纱机的牵伸机构抽长拉细，达到所要求的号数，然后给予要求的回捻，使它达到一定的强力，并卷绕成符合要求的官纱，供络筒工序进一步加工。

气流纺

环锭纺是老式纺纱技术，通过机械纺纱；气流纺是新型纺织技术，通过气流方式输送纤维。目前，纺纱行业多以环锭纺工艺为主，气流纺相比环锭纺而言，则是省去了粗纱、细纱工序。

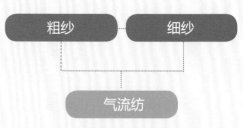

代替了环锭纺

注：气流纺相当于中粗纱、细纱环节。

络筒

络筒是清除管纱上的有害疵点、杂质等，将管纱逐个连接起来，卷绕成合乎质量标准的筒子纱。

打包入库

装袋

打包后待入库纱线

入库成品

② 织造工艺流程

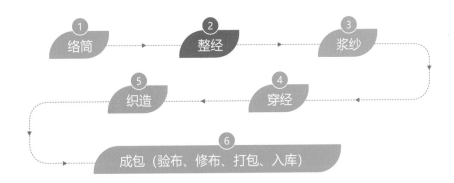

1 络筒 → 2 整经 → 3 浆纱

5 织造 ← 4 穿经

6 成包（验布、修布、打包、入库）

（1）络筒

　　络筒（又称络纱）是织前准备的第一道工序，它的任务是将来自纺部的管纱或绞纱在络筒机上加工成符合一定要求的筒子。

（2）整经

整经是根据工艺设计的规定，将一定根数和长度的经纱，从络纱筒子上引出，组成一幅纱片，使经纱具有均匀的张力，相互平行地紧密绕在整经轴上，为形成织轴做好初步准备。

（3）浆纱

经纱在织机上织造时，要受到综丝、筘、停经片等的反复摩擦作用和开口时大小不断变化着的张力作用。为了减少织机上的断头率，经纱要经过上浆工程，使经纱具有较大的光滑度，坚牢度，上浆的过程就是几个经轴上的经纱并成一片，使其通过浆液，然后经过压榨、烘干、卷绕成织轴。

浆纱工程包括两个工序：调浆工序（配制浆液）和上浆工序，把前沿液粘附在经纱上并加以烘干，然后卷绕在织轴上。

车间

❀ (4) 穿经

穿经俗称穿筘或穿头，是经纱准备工程中的最后一道工序。穿经的任务就是根据织物的要求将织轴上的经纱按一定的规律穿过停经片、综丝和筘，以便织造时形成梭口，引入纬纱织成所需的织物，这样在经纱断头时能及时停车不致造成织疵。

❀ (5) 织造

织造是织布的重要工序，织造的任务是将经过准备工序加工处理的经纱与纬纱通过织布机根据织物规格要求，按照一定的工艺设计交织成织物。

◀ 针织织造机

▼ 剑杆织机

(6) 成包 (验布、修布、打包、入库)

①验布

验布机是服装行业生产前对棉、毛、麻、丝绸、化纤等特大幅面、双幅和单幅布进行检测的一套必备的专用设备。验布机自动完成记长和卷装整理工作，带有电子检疵装置，由计算机统计分析，协助验布操作并且打印输出。

针织验布机

喷气验布机

②修布

修布是检查和修整织疵 (如浮线和结头)，通常手工进行。

③打包

　　将坯布按不同品种规定的长度打包，便于储藏搬运。

④入库

◀ 针织布成品布仓库

四

常见的棉纱分类
Cotton Yarn Types

棉纱是棉纤维经纺纱工艺加工而成的纱，经合股加工后成为棉线。由于棉纱的粗细、配棉等级、成纱设备、用途等，可将棉纱分为多种类别。本节主要介绍的是市面上常见的棉纱类别。

（1）按纱线粗细分

①粗支纱

17"特"(tex) 及以下的棉纱均属粗支纱。主要用于织造粗厚或起绒、起圈棉织物，如粗布、绒布、坚固呢等。

②中支纱

18~27 支棉纱属中支纱，用于织造平布、斜纹布、贡缎等一般性织物。

③细支纺

28支及以上的棉纱,用于织造细布、府绸、高档针、机织物。

---

(2) 按纺纱系统分

①普梳纱

是没有经过精梳工序的纺纱工艺纺成的环锭纱,用于一般的针、机织物。

②精梳纱

用优良品质的棉纤维作原料,纺制时比普梳纱增加一道精梳工序,纺成的纱质量优良, 用于织造高档织物,如高级府绸、细布等。

③废纺纱

指全部用纺纱过程中所处理下来的废棉作原料纺成的纱,用于织造低级棉毯、绒布和包皮布等。

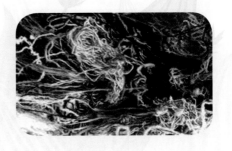

(3) 按纺纱方法分

　　随着纺织科学技术的发展，目前在纺纱生产中普遍采用了两类纺纱技术：一是环锭纺纱技术，从发明到现在已有 100 多年历史；二是新型纺纱技术，如气流纺等，由于其成纱机理、成纱结构不同于环锭纺，并在纺纱工序缩短、劳动用工减少等方面具有一定优势，故近期得到快速发展，用新型方法技术生产的各类纱线比重逐年有较大增加。主要介绍环锭纺纱与气流纺纱。

① 环锭纱

　　环锭纱是指在环锭细纱机上，用传统的纺纱方法加捻制成的纱线。纱中纤维内外缠绕联结，纱线结构紧密，强力高，但由于同时靠一套机构来完成加捻和卷绕工作，因而生产效率受到限制。此类纱线用途广泛，可用于各类织物、编结物、绳带中。

环锭纺

② 气流纱

　　气流纱也称转杯纺纱，是利用气流将纤维在高速回转的纺纱杯内凝聚加捻输出成纱。纱线结构比环锭纱蓬松、耐磨、条干均匀、染色较鲜艳，但强力较低。此类纱线主要用于机织物中膨松厚实的平布、牛仔布、手感良好的绒布及针织品类。

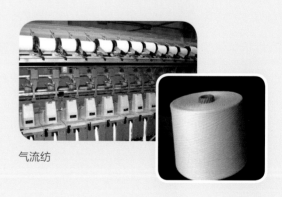

气流纺

(4) 按纱线用途分

① 机织用纱

机织用纱指加工机织物所用纱线，
分经纱和纬纱两种。经纱用作织物纵向
纱线，具有捻度较大、强力较高、耐磨
较好的特点；纬纱用作织物横向纱线，
具有捻度较小、强力较低、但柔软的特点。

② 针织用纱

针织用纱为针织物所用纱线。纱线质量要求较高，捻度较小，强度适中。

③ 其他用纱

包括缝纫线、绣花线、编结线、杂用线等。根据用途不同，对这些纱的要求是
不同的。

五

棉纺织品的优势

Advantages of Cotton Textiles

1 吸湿性

棉纤维吸湿性比较的好，在正常的情况下，纤维可以向周围的大气中吸收一些水分，其含水率为 8%~10%，所以接触人的皮肤，不会让人感到僵硬。

2 保温性

棉纤维的热、电传导系数极低，纤维本身多孔、弹性高，纤维之间的缝隙可以积存大量空气（空气又是热、电不良导体），保暖性高。

3 耐热性

纯棉织品耐热比较的好，在110℃以下的时候，只会让织物上的水分蒸发，不会损伤纤维，纯棉织物在常温下情况下，穿着、洗涤印染等对织品都没有影响，所以对提高了纯棉织品耐洗耐穿服用性能。

4 耐碱性

棉纤维对碱的抵抗能力较大，棉纤维在碱溶液中，纤维不发生破坏现象，该性能有利于对污染的洗涤，消除杂质，同时也可以对纯棉纺织品进行染色、印花及各种工艺加工，以产生更多棉织新品种。

5 卫生性

纯棉织物在经过比较全面的查验和实践之后，全棉织品与肌肤接触不会有任何刺激性，同时也没有任何的负作用，因此我们久穿全棉制品对身体也是有益无害，全棉制品卫生性能等都相当不错。

棉花产业未来
The Future of Cotton

国内方面

China

国际方面

World

1 国内方面

　　未来中国棉花供需格局将发生深刻变化，新疆棉花生产的重要地位继续得到巩固，国内棉花生产由"三足鼎立"的格局彻底转变为"一家独大"，新疆棉花产量将占国内总产量的 80% 以上，而黄河流域和长江流域占比已降至 20% 以下，新疆棉对于国内纺织企业俨然不可或缺。

　　随着新疆维吾尔自治区棉花机械化生产水平的不断提升，机采棉产量也在大幅增加，原先人工"拾花大军"正在被一台台采棉机所取代，截至 2018 年，北疆几乎 100% 实现了棉花机采。南疆机采收棉比例也在不断提高，目前已经达到 30% ~40%，特别是在加速土地流转、降低植棉成本、提高棉农收入等举措的助力下，未来南疆机采棉比例将快速提高。

截至 2018 年

100% 30% ~40%
北疆棉花机采率　　　　南疆棉花机采率

　　在"一带一路"倡议指引下，经过政府和企业数年的不懈努力，一大批国内纺织优势企业来疆投资设厂，产业投资和企业数量迅速增长，产业规模和技术水平明显提升，特别是新增棉纺生产装备和工艺技术均处于国际领先水平，新疆已成为我国最重要的棉纺产业基地之一。

　　全疆（含兵团）棉纺纱锭规模从 2014 年的 700 万锭增长到 2017 年的 1 700 多万锭，距离 2 000 万纱锭目标近在咫尺。

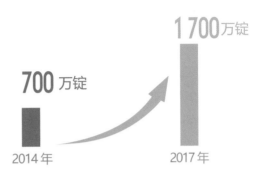

全疆（含兵团）棉纺纱锭规模

　　未来新疆维吾尔自治区棉纺技术不断革新，印染纺织服装产业链将持续完善，在我国纺织行业中的地位也将不断提高。在《纺织工业调整和振兴规划》的指导下，随着中欧铁路的建设、完成和延伸，自新疆维吾尔自治区辐射中亚乃至欧洲的棉纺织品服装贸易的快速陆路通道将陆续打通，并越来越完善，有望拉动新疆棉花生产优势转变为棉纺织品服装产业优势，从而改变新疆棉大量出疆外运耗时费力和大量占用社会资源的情况。未来新疆纺织产业将继续抓住新机遇、呈现新趋势、承担新使命。

　　"由量向质"转型升级是国家供给侧结构性改革总要求，是全面提升我国竞争力、保障国家棉花产业健康稳定发展的必经之路。国家棉花产业联盟着力布局棉花全产业链，推动绿色高质量发展，打造国棉 CCIA 品牌。

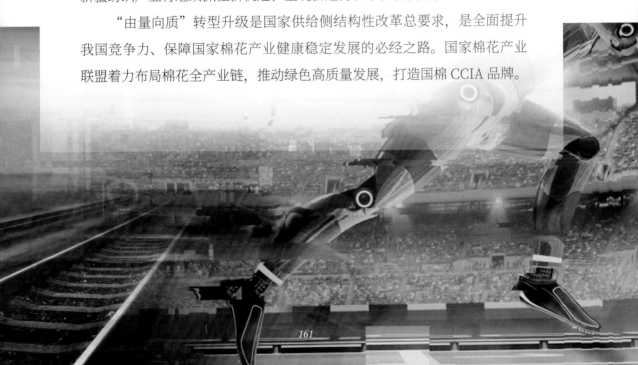

2　国际方面

　　未来十年（2020—2030 年），棉花生产将继续转向具有资源优势和先进生产技术的国家。宜棉区域大的主产棉国的棉花产量预计将增加，包括巴西、印度和撒哈拉以南的非洲国家，尤其是具备土地和人力资源优势的印度和部分非洲国家。

未来 10 年

3.9%

全球棉花进口预计
年均增长率

5 740 万包

到 2027/2028 年度
将达到

数据来源：美国农业部

　　随着中国棉花去库存的结束，中国棉花进口量预计增加，未来十年的年均增速在 12%，预计到 2027/2028 年度达到 1 950 万包，2018—2027 年累计增加 1 250 万包。中国棉花进口增加是棉花消费恢复和储备棉去库存的共同结果。随着全球纺织业布局的变化，中国将通过打造纺织服装品牌引领行业提质增效，大幅提升产业质量，而低端、初级棉花产业（初级加工、纺纱、织布）比重将会下调。这可能使中国进口棉产品的格局发生变化，从进口原棉为主转变为以进口棉纱、棉布为主。

未来 10 年

12%

中国年均增速

1 950 万包

预计到 2027/2028 年度
将达到

1 250 万包

2018—2027 年增加

数据来源：美国农业部

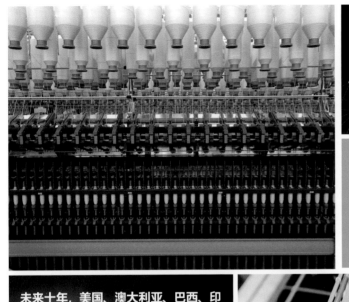

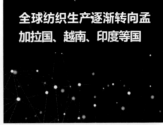

全球纺织生产逐渐转向孟加拉国、越南、印度等国

未来十年，美国、澳大利亚、巴西、印度主要出口国仍将是棉花净出口大国

　　与此同时，全球纺织生产逐渐转向孟加拉国、越南、印度和巴基斯坦，这同时也会限制中国棉花进口的增长。孟加拉国、越南等东南亚国家随着棉纺织业的发展，棉花进口有望保持稳定。未来十年，美国、澳大利亚、巴西、印度主要出口国仍将是棉花净出口大国，非洲地区棉花出口也有望增长。不过，随着巴基斯坦、印度、中亚各国政策引导效应的持续发挥，技术的引进提高，其棉纺织业可望发展，产品规模和水平将提升，从而减少其棉花出口，甚至部分国家转为进口。